应该知道的知识丛书

植物
知识全知道

本书编写组◎编

YINGGAI ZHIDAO DE ZHISHI CONGSHU
ZHIWU ZHISHI QUANZHIDAO

世界图书出版公司
广州·北京·上海·西安

图书在版编目（CIP）数据

植物知识全知道 /《植物知识全知道》编写组编
. —广州：广东世界图书出版公司，2010. 8（2024.2 重印）
ISBN 978 - 7 - 5100 - 2602 - 7

Ⅰ. ①植… Ⅱ. ①植… Ⅲ. ①植物 - 青少年读物
Ⅳ. ①Q94 - 49

中国版本图书馆 CIP 数据核字（2010）第 160357 号

书　　名	植物知识全知道 ZHIWU ZHISHI QUANZHIDAO
编　　者	《植物知识全知道》编写组
责任编辑	左先文
装帧设计	三棵树设计工作组
出版发行	世界图书出版有限公司　世界图书出版广东有限公司
地　　址	广州市海珠区新港西路大江冲 25 号
邮　　编	510300
电　　话	020-84452179
网　　址	http://www.gdst.com.cn
邮　　箱	wpc_gdst@163.com
经　　销	新华书店
印　　刷	唐山富达印务有限公司
开　　本	787mm × 1092mm　1/16
印　　张	10
字　　数	120 千字
版　　次	2010 年 8 月第 1 版　2024 年 2 月第 11 次印刷
国际书号	ISBN　978-7-5100-2602-7
定　　价	48.00 元

前　言

每当我们漫步山林草原，我们常常会感觉到，展现在我们面前的形形色色的植物体，犹如一个个跃动的音符，组成了一曲无比美妙的生命乐章。地球上这些多姿多彩的植物，是地球经过几十亿年进化的结果，它们既是人类的好邻居和好伙伴，也是人类社会赖以生存和发展的物质基础。时至今日，人类对植物了解的依然不够多，植物仍然蕴藏着对人类生存发展无法估量的巨大影响。

据科学家估计，今天的地球上，生存着数十万种植物，这些植物都是生命起源后经过30多亿年的演化和发展的结果。根据这些物种在发展演化过程中结成的亲缘关系，科学家将它们分成相应的门、纲、目、科、属直至种，将整个绚丽多彩的植物世界，井然有序地展现在人们面前，从而使贯穿整个植物世界的美妙生命乐曲旋律更加清晰、动人。

在我们身边的生活环境中，经常可以看到有许多不同大小及生长习性的植物。这些植物有的对人类很有用处，有的却给人们带来不小的麻烦；有的可以食用，有的却有剧毒。不管它们对人类是否有益，每一种植物都是值得我们学习研究的对象。

广袤的地球上生活着无穷无尽的我们还不知道的植物，而我们所知道的植物种类，不过是生活在地球上的植物当中极少的一部分。由于地球人口增长、人类活动、环境变化等因素，很多植物物种正在消失，正在遭受前所未有的破坏。经人类研究和加以利用的只是整个植物世界中的一小部分。很多植物物种还没来得及定名就已灭绝。更奇特的是，有些原本我们

认为只在想象中或者在故事中才会出现的植物，竟然也是真实地存在于这个世界的。

本书从那些鲜为人知的奇特的植物中，精选出各种生活方式特殊又神奇的植物，深入浅出地做了有趣的说明。阅读本书，你可以更加清楚地了解生活在这个世界上各种珍稀的植物，例如世界上最大的花、最毒的见血封喉树、最耐旱的植物、刀枪不入的硬木等。

目　录

植物之最

珍贵的植物

植物分类

植物种类繁多，要了解掌握如此多的植物，没有一个科学的分类是不可想象的。根据植物体的结构和进化，现代植物分类学将植物分为低等植物、高等植物 2 大类。

分类知识

分类任务

地球上的植物种类繁多，目前在已被发现和记载的有 36 万多种，我国就有高等植物 3 万种以上，其中木本植物 7000 多种（包括乔木 2000 多种）。这样多的植物，没有科学的方法去分类和鉴别，就无法对植物进行利用，甚至还可能因误认而发生不良后果。例如，调味的八角和毒八角（莽草），形态十分相似，若无分类知识，难以区别，误食则会中毒。进行森林资源调查的时候，如果不能识别树种，就不能正确估算各类林木的木材蓄积量以及各类林副产品的数量和质量。

经过人类的长期生产实践和植物学家的研究，人们认识到，现在生存的植物种类虽然多种多样，但它们都来自共同的祖先，植物与植物之间，都存在着或远或近的亲缘关系。因此人们就根据植物的亲疏远近，把它们分门别类，建立起一个足以说明植物亲疏关系和进化顺序的分类系统，以便人们对植物进行鉴别和利用。

分类单位

为了建立分类系统，首先必须确定分类的各级单位，常用的单位有界、门、纲、目、科、属、种。其中，界是最高级单位，种是最基本单位。

在上述各级分类单位中，依据实际需要，又可分更细的单位，如亚门、亚纲、亚科、亚属、组、变种、变型等。

“种”是分类学的基本单位，是具有相似形态、表现一定的生物学特性和要求一定生存条件的无数个体的总和，在自然界占有一定的分布区。因此，每一个“种”都有自己的特定的本质特性，并以此区别于其他“种”。

由于同一种所包括的无数个体，在其分布区内受不同环境的影响，因而可能发生各种各样的变异。当某些个体积累了一定数量的、稳定的、可遗传的新的变异特性时，便会在种的内部发生变异，产生出变种。如大果山楂，因果较山楂大而列为变种。

具有相近亲缘关系的种，集合为一属，由相近亲缘关系的属组合成科，由相近的科组合成目。如此类推，由目组成纲，由纲组成门，由门组成界。

植物命名

一般说来，植物的命名方法有 2 种：①俗名（又叫通名），即通俗的名称；②拉丁名，就是学名。

俗名常因地、因时而异，一个植物的俗名往往有许多个，例如红松，又叫果松、海松、朝鲜松等，这就是同物异名；还有同名异物的，如油松在很多地方却叫黑松，其实它与真正的黑松是有区别的。因此，俗名变化很多，容易混淆，难求确切。

植物名称的不统一，对于研究和利用植物，非常不便。1753 年，瑞典植物分类学家林奈正式提倡用双名法来命名植物，并以此作为国际通用的学名，这就澄清了植物命名的紊乱状况。由于这种学名是用拉丁文书写的，所以又叫拉丁名。

双名法就是用两个词来为植物命名：第一个词是属名，多数是名词；第二个词是种名，多数为形容词，形容该种的主要特征。一个完整的学名还要在种名之后附以命名人的姓名。属名的第一个字母要大写，种名的第一个字母小写。

分类系统

植物的分类是经过人们长期摸索，逐渐完善起来的。最初人们经常只根据植物个别的或部分的特征、习性进行分类。

亚里士多德将植物分为乔木、灌木、半灌木和草本，在每类中又分为常绿和落叶植物、野生和栽培植物、有花和无花植物。

我国的李时珍按照植物性状和功能把1095种植物归纳为草、谷、菜、果、木类，写成《本草纲目》，这是我国著名的本草学，曾被译成好几国文字。

1732～1737年，林奈根据植物的生殖器官——雄蕊的数目及离合状况为基础，把当时已知的植物分为24纲（显花植物23纲，隐花植物1纲），在纲以下分为目、科、属、种等单位，便于检索识别。

这些著作对植物分类做出了应有的贡献，但都不能反映植物的进化地位及亲缘关系。

达尔文《物种的起源》的发表，给生物界奠定了进化论的理论基础，使植物学者得到了很大的启发，他们在形态学、比较解剖学、古生物学和化学鉴别方法（血清鉴别法）基础上，探索植物种类的亲缘关系，纷纷提出了各种新的分类方法，这种分类方法就是自然分类法。但由于各人的看法不同，创立的系统各异，又因人类的知识仍属有限，真正符合自然进化的分类方法，尚有待继续探索。

目前，通常的分类方法是把世界上的大约40万种植物，分为低等植物和高等植物。①低等植物没有根、茎、叶的分化，种子没有胚，藻类、菌类和地衣都属于低等植物。②高等植物有根、茎、叶的分化，种子有胚，这类植物包括苔藓类、蕨类和种子植物，种子裸露在外的叫裸子植物，种子包在果实里的叫被子植物，被子植物还可以分成双子叶植物和单子叶植物。

低等植物

低等植物也叫叶状体植物，是地球上出现最早的一群古老植物。低等植物无根、茎、叶的分化，也没有中柱，有单细胞的、群体的和多细胞的3种类型。有性繁殖器官大多数是单细胞构成，其营养方式可分为自养和异养2大类型：自养植物含叶绿素，能进行光合作用；异养植物不含叶绿素，不能进行光合作用。

低等植物包括细菌、藻类、真菌、地衣等植物。

细　菌

细菌又叫裂殖菌，是世界上最小的一类植物。是肉眼看不见，只能借助显微镜才能观察到的单细胞微生物。在显微镜下看到的细菌有3种主要形态：球状、杆状和螺旋状。

细菌的体积很小，普通球菌直径约0.5微米，小的只有0.15微米；普通杆菌长约0.7～1.5微米，宽约0.2～0.4微米，最长的杆菌可以达100微米。杆菌和螺旋菌多具鞭毛，能够游动。

细菌的繁殖以直接分裂的方式进行。在最适宜的环境条件下，细菌的繁殖极快，每过20分钟1个细菌就能分裂1次。根据计算，霍乱弧菌在24小时内，一个细菌可以繁殖47×10^{20}个，重量达2000吨。但实际上由于外界环境条件和养料缺乏、代谢产物的有害影响等，使细菌不能按几何级数繁殖下去。

绝大多数细菌是没有叶绿素的，不能进行光合作用，营寄生或腐生生活，是异养植物。但也有少数种类含细菌叶绿素，能进行光合作用，故为自养植物，如紫细菌。此外，还有少数细菌虽不含叶绿素，但能氧化无机物，借氧化所放出的能量，制造养料，如硝化细菌、硫化细菌等。

细菌分布广泛，地球上几乎到处都有，在水中、土壤中、空气中和一切物体的表面，生活和死亡的动植物体内外，都可以发现细菌。

虽然很多细菌会使人生病发烧，使饭菜变馊，使水果腐烂，但还有更多的细菌是我们人类的好朋友，例如根瘤菌和其他固氮菌能提高土壤肥力，可制造肥料；在制药、制醋、纤维脱胶、制乳酪等工业上也常利用细菌。人的肠胃中也有不少细菌在日夜不停地辛勤工作，帮助我们消化食物。细菌还可以使动物的尸体、粪便，植物的枯枝、落叶腐烂，帮助我们清除这些垃圾。随着对细菌活动规律认识的不断加深，人类就能既控制它的危害，又利用其有利的方面更好地为人类服务。

藻　类

藻类植物有2万多种，是一类极古老的植物。大多数藻类水生，一般漂浮在水中或以其一部分附着在水底的基质上。陆生藻类则分布于阴湿土壤、树皮和峭壁处。

藻类植物体有单细胞的、群体的和多细胞的。体积差异很大，有的在显微镜下才能看见，有的则长达几十米甚至二三百米。藻类细胞含有叶绿素，为自养植物，除叶绿素外，还含有藻黄素、藻褐素、藻红素或藻蓝素，因而能显示出不同的颜色。藻类植物的繁殖方式有营养繁殖、无性繁殖和有性繁殖3种。

根据藻类植物的色素、营养体及其细胞的形态、构造、繁殖方式，可分为蓝藻、绿藻、硅藻、褐藻和红藻等5纲。

藻类植物在自然界中能分解岩石，有助于岩石的风化，使石灰岩中的大量碳素回到自然界中去，从而促进碳素的循环。很多藻类能分泌胶质，黏合砂土改良土壤；还有些藻类生长在土壤中，能增加土壤的有机物，并可促进固氮细菌的发育。某些蓝藻、绿藻和硅藻，参与腐殖质淤泥的形成，这种淤泥可作为农业上的肥料，也可直接利用藻类作农田肥料。有些藻类还可作为工业和医药上的原料，例如从海带中提取碘和钾；石花菜可制琼脂，琼脂是培养微生物的培养基，并可作糖果的填充物。

有些藻类可直接食用，如念珠藻、海带、鹿角菜、紫菜等；有的则可作饲料，如小球藻、栅列藻等。

紫　菜

紫菜是生活在海洋中的藻类植物，属海产红藻。紫菜全身上下紫中带黑，一片片半透明的大叶子，薄得好像一张玻璃纸。紫菜的形状变化不定，因为它容易受到环境的影响，遇到海水深浅不同、水温冷热不同，它的形状就会出现各种各样的变化，所以有的紫菜会长成带子，有的却变成心脏形或者其他不规则的形状。当温暖的春天来到后，紫菜要繁殖它们的“小宝宝”了。这个过程非常麻烦，一开始先在身体边缘产生许多小颗粒，它们在水中随波漂荡，这些小颗粒非常小，很容易钻到贝壳中，然后在贝壳里面慢慢长成一根根的丝状体。不久，丝状体上又会长出另外一种小颗粒。它们散落到海底的岩石上，最后才形成一棵棵的小紫菜。

紫菜在南、北半球均有分布，生长于潮间带的高潮线，在富氮的水中（如污水排水管的出口附近）生长最好。收获干燥后可作食品。紫菜营养丰富，含有很多蛋白质和维生素，味道鲜美，是人们喜爱的海洋食物之一，消费量超过其他海藻。东方国家人工养殖作为一种重要的食物。可作汤的主料、其他食物及肉类的佐料。在不列颠群岛，则把紫菜置于面包上烤食，味如牡蛎。

紫　菜

硅　藻

硅藻是一类数量极大的藻类植物。硅藻体积很小，如果把400个硅藻一个接一个地排成长队，才只有1粒米的长短。硅藻结构简单，全身上下只有1个细胞，但是，把它放在显微镜下仔细观察，就会发现硅藻的身体会变颜色。活的硅藻常常是黄褐色，但死去后却变成了绿色。最有意思的是硅藻外壳，它分成2个壳瓣，其中一瓣正好扣住另外一瓣，就像一个精致的小盒子，盒盖正好扣在盒子上。硅藻的外壳非常坚硬，而且有各种各样的形状，有的像月亮，有的像小船，也有的是三角形和正方形。外壳上面还布满了有规则的花纹，这些花纹左右对称或四面对称，构成一幅精美的图案。

硅藻的分布很广泛，江河湖海、溪沟池塘，甚至潮湿的土壤中都有它们的踪迹。由于硅藻繁殖很快，大量的硅藻死亡后，留下的外壳越积越多，最后变为硅藻土。硅藻土是耐火、绝热、填充和磨光的优质材料。

真　菌

真菌的种类很多，可以生活在土壤、空气、水中以及其他动植物体上。

真菌比细菌大，细胞结构比较完整，有明显的细胞核，无叶绿体，除少数单细胞的种类外，大多数真菌的躯体是由一些丝状的菌丝所组成，叫做菌丝体。有些真菌的菌丝没有横隔壁，整个菌丝体就好像一个多核的单细胞。有些真菌的菌丝具有横隔壁，所以菌丝体为多细胞。每个细胞中有1个或2个细胞核。

真菌都是异养植物，它们的营养方式是寄生或腐生。有些真菌与高等植物的根共生，形成菌根；还有些和藻类共生而组成地衣。真菌的繁殖方式多种多样，无性繁殖极为发达，水生的真菌产生无细胞壁而裸露的游动孢子，陆生的真菌则产生有细胞壁而借空气传播的孢子。有性生殖则各式各样，比较复杂。

真菌通常分4纲（或3纲1类）：藻菌纲、子囊菌纲、担子菌纲和半知菌纲（类）。

猴　头

猴头是一种非常珍贵的真菌类植物。它隐居生长在在北方的深山密林中，不易被人发现。猴头肥胖的身体上长有数不清的肉刺，这些肉刺又细又软，像披上了一层浓密的长柔毛。刚刚生出来的小猴头，一身洁白，长大成熟后，遍体的

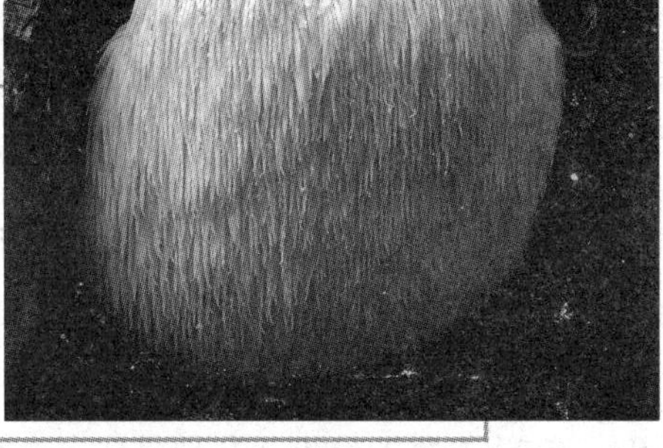

猴　头

"长毛"就变成浅黄棕色，活像一只真的毛猴脑袋。每年 7～8 月份，森林中微雨濛濛，这时正是猴头生长的大好季节。猴头喜欢生在快要死去的老树上，有的猴头躲藏在腐朽的树洞中，有的坐在断树杈上。猴头的个子大小不一，小的如拳头，大的像碗口，最大的甚至比脸盆还大。

猴头作为山珍海味之一，与熊掌、海参、鱼翅一起被称为当今四大名菜。猴头除了能做菜，还是医治神经衰弱的大补药。另外，用猴头做成的"猴菇菌片"，对治疗食道癌、胃癌有很明显的效果。

地　衣

地衣约有 1.5 万种，是一类特殊的植物。它是由藻类、菌类 2 种植物共同生长在一起形成的。地衣的叶状体由藻类和真菌共生组成。组成地衣的真菌多为子囊菌，少数为担子菌；组成地衣的藻类，则为单细胞的绿藻和蓝藻。菌类吸收水分和无机盐类供藻类使用，藻类制造的有机物为菌类所需，彼此互利，共同生长。

根据地衣叶状体的形态可分为 3 种类型：壳状地衣、叶状地衣和枝状地衣。

地衣生活在裸露的岩石上，能腐蚀、溶解岩石，在土壤的形成过程中起重要作用。某些地衣，如海石蕊和红粉衣等，在其菌丝的细胞壁里含有色素，可提取色素用于毛织物的染色或作化学指示剂。石耳可供食用，松萝、石蕊、冰岛衣等为药用植物；有的可作饲料。

地衣特别怕大气污染，只要空气中存在有害物质，它们马上会大量死亡，所以在工厂多的大城市附近很难看见地衣的身影。

松　萝

松萝是一种细线状的地衣植物。它的样子很像老爷爷的长胡子，一缕一缕的。松萝全身灰绿带有一点白色，喜欢生长在高大的松树枝上，身子倒挂，从树枝上悬垂而下，足足可以长到 1 米多。在我国长白山的原始森林中，有许多高大的红松和其他松树，在它们的枝杈上，经常能看见一片片灰绿色像纱巾一样的松萝，它们相互交织在一起，随风飘动。

松萝对寄生的松树是有害的。松萝像蜘蛛网一样，把松树密密麻麻地包围起来，夺走了松树需要的阳光，影响了树木的呼吸，而且还为许多害虫提供了藏身的地方。时间一长，被松萝缠绕包围的松树，就会渐渐衰弱，最后脱去绿色的树叶枯萎死去。

松萝对环境的要求很高，空气中有一点点污染就不能存活，它是最好的环境检测器。所以有松萝的地方，就标志着这里有极好的生态环境条件。

松萝是一种很有用的中药，对于气管炎和气喘很有疗效，病人只要吃了松萝，很快就能止住气喘。

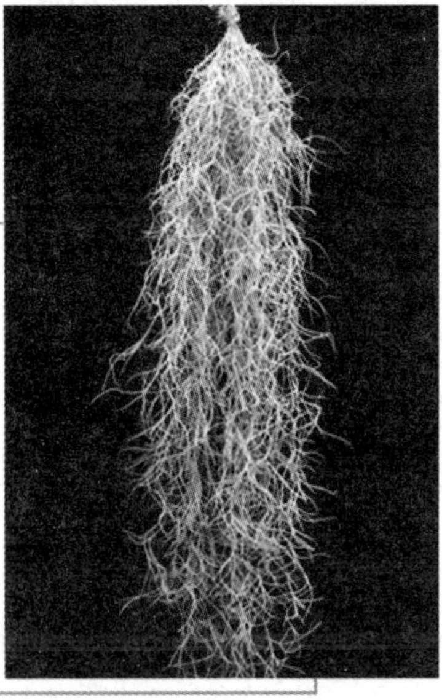

松 萝

高等植物

高等植物包括苔藓、蕨类、裸子植物和被子植物。

高等植物是由原始的低等植物经过长期演化而来的，是长期对陆生生活适应的结果。因此，高等植物无论在体形结构上和生理特性上，都较低等植物复杂，一般都有根、茎、叶的分化，且有中柱。

高等植物在发育周期中，有 2 个不同的世代：一个是无性世代，它的植物体称孢子体，孢子体能产生孢子进行无性繁殖。由孢子发育成的植物体，称配子体。配子体产生精子和卵细胞进行有性繁殖，精子和卵细胞结合成合子，合子再发育成为孢子体，这个过程称有性世代。这种无性世代以后是有性世代，有性世代以后是无性世代的相互交替的现象，叫做世代交替。

世代交替在高等植物中的表现各不相同。在苔藓植物中配子体占绝对优势，孢子体以寄生状态存在，依靠着配子体供给它以所需的养料。在蕨类植物中孢子体状比较发达，配子体则退化为原叶体，但仍能独立生活。

裸子植物和被子植物的孢子体则更发达，而配子体则更加退化，寄附在孢子体上。这是由于长期陆生生活适应的结果，因此，孢子体趋向不断的发展，而配子体由于得不到水的条件就逐渐趋于退化，最后则寄生于孢子体上。越是高等的陆生植物，它的孢子体越发达，而配子体则越退化，这是植物界由低级向高级发展的一个重要标志。

苔　藓

苔藓植物是构造最简单的高等植物，它们是刚脱离水生环境进入陆地生活的类型，一般生活在阴湿的地区，植株很矮小，最大的也只有数十厘米。较简单的类型与藻类相似，成扁平的叶状体，较高级的类型有假根和类似茎、叶的分化。假根由单个细胞或一列细胞组成，吸收作用微弱；其类似茎、叶的部分，多是由薄壁细胞组成，称为叶状体或茎状体。

尽管苔藓植物没有根和中柱的分化，但有性繁殖器官是多细胞的，所以苔藓植物属于高等植物。

苔藓植物的种类很多，我国有2万多种，可分为苔纲和藓纲。

苔纲植物大多数成叶片状，叫叶状体。叶状体只由1～2层细胞所构成，中肋一般不明显，匍匐生长，有背腹之分。苔纲植物最常见的有地钱等。

藓纲植物体通常直立，多有类似茎、叶的分化，叶状体内的中肋较明显。藓纲最常见的有葫芦藓。

苔藓植物在森林中常繁茂生长，构成厚密的覆盖物，在保持水土方面起着良好的作用。生长在岩石上和干燥地方的苔藓，则

苔　藓

对土壤的形成起到很大的作用，并为其他植物开拓生活领域创造了良好的条件。

水藓在沼泽地上能形成紧密的“地毯”，死亡之后由于氧气缺乏，因而不能完全分解，年代久远，便形成泥炭。泥炭可作为燃料、肥料、厩舍垫底物。地钱、泥炭藓等苔藓也可入药治病。

葫芦藓

葫芦藓是一种很矮小的苔藓植物。身高只有16毫米左右，有一根短短的茎，上面长着十几张鲜绿色小叶片，每片只有芝麻大小。

葫芦藓分布很广，常常生长在又阴又湿的地方，如墙角边、水沟旁、花园内和树阴下，特别是被火烧过的土壤最受它欢迎。有时候，在经常浇水的花盆中，也会长出许多绿油油的小植物，它们就是葫芦藓和其他苔藓植物。

葫芦藓的配子体是绿色的，有茎和叶的分化，茎的顶端有生长点，由此分生枝叶；叶有中肋，茎基有多数假根。假根仅有微小的吸水作用，主要是固着植物体。由于茎柔叶薄，没有输导组织，所以长不高，且需要阴湿的生活条件。

葫芦藓

葫芦藓雌雄同株，但精子器和颈卵器分别长在不同的枝顶。每到春天，葫芦藓的小枝顶部会伸出一根长长的细丝，细丝顶端挂着一个“小葫芦”，葫芦上面还有一个盖子。这个小葫芦很重要，里面装满了还没有出生的“小宝宝”，科学家叫它们孢子。等到孢子成熟以后，小葫芦的盖子会自动打开，于是孢子就散发出去，长出新的葫芦藓，而老葫芦藓散出孢子后自己却枯死了。

蕨　类

蕨类植物约有11500种；我国有2000种左右，以西南分布最多。蕨类植物喜欢生长在温暖湿润的环境里。多见于树干、湿地上，也有的浮生水中。现在生长最繁茂的地区是热带和亚热带。

蕨类植物的孢子体大而明显，有根、茎、叶的分化，因而有高大的“树蕨”。配子体（特称为原叶体）通常很小，不显著，但能独立生活。

蕨类植物有颈卵器和游动精子，受精时要有水，不产生种子，这些性状与苔藓植物相似；但维管束的出现，又与种子植物相似，因而可认为蕨类植物是介于苔藓和种子植物之间的类型。

在石炭纪时代，蕨类植物的生长最繁盛，常形成巨大的沼泽森林，有些种类高达30米以上。后来由于地壳的变迁，这些蕨类被埋藏在地壳深处，经过很长的年代，就渐渐形成为现在的主要煤层。

工业方面，石松的孢子用于铸模翻砂，能使产品外表光滑，提高质量。此外，也常用于信号、照明等。

很多蕨类植物可供食用，如蕨的嫩叶和根状茎含有多量的淀粉，可制成蕨粉。有些蕨类植物可供药用，如贯众的根茎能驱虫、止血，问荆全草可利尿、止血、治气喘等。槐叶苹、满江红则可作鱼、家畜的饲料或绿肥。

有的蕨类植物对温度和湿度有比较严格的要求，只能生长在一定的土壤上，因而起到了明显的指示作用。如生长鞭叶铁线蕨的地方，一定是石灰岩和钙质土；生长铁芒箕的地方则气候暖和，并为酸性土壤。

满江红

满江红是蕨类植物和固氮蓝藻的共生体，是一种漂浮水面生长的小型蕨类植物。它的叶片小如芝麻，通常分裂成上下2片，上片漂浮在水面，下片沉在水中。如果将它的叶片解剖后放在显微镜下观察，会发现叶片栅栏组织的空隙中，有一种能固氮的鱼腥藻。因此，满江红叶片在进行光合作用时，还能同时固氮和放出氢气，这在植物界中是非常少见的。

满江红

满江红有改变颜色的本领，在春夏之季它是绿色，到秋天却变成了紫红色。所以，在有大量满江红生长的水面上，常常会出现春夏一片绿，秋天一片红的有趣景象。

满江红是一种理想的能源植物，有很高的经济价值，不仅可以作为农村中的优良水田绿肥，还是牲畜家禽爱吃的青饲料。

桫　椤

桫椤的另一个名字叫树蕨，是蕨类植物中最高大的成员。它与普通的草本蕨类不一样，其外形像棵大树，通常有几米或十几米高，最高的甚至能达到20多米。桫椤有一根粗壮的茎干，笔直向上，没有分枝，一片片巨大的绿色羽叶，都从顶部披散而下，围成一圈，仿佛一顶撑开的绿色巨伞。

桫　椤

桫椤怕冷不怕热，大多生长在南方地区的热带森林中。因为它造型优美，姿态别致，现在已成为珍贵的园林观赏树木。

裸子植物

裸子植物是种子植物中较低级的一类。具有颈卵器，既属颈卵器植物，又是能产生种子的种子植物。它们的胚珠外面没有子房壁包被，不形成果皮，种子是裸露的，故称裸子植物。

裸子植物没有真正的花，它的生殖器官是球花。球花单性，无花被，雄球花由许多鳞片（小孢子叶）着生在中轴上而成，每一鳞片的背面着生花粉囊，囊内产生花粉；雌球花也由许多鳞片着生在中轴上而成，每一鳞片的腹面着生胚珠，这种鳞片叫珠鳞，也就是大孢子叶。雌球花经传粉受精后，可发育成球果。球果上的木质鳞片，是由珠鳞发育而来的，叫种鳞。每个种鳞的腹面具有由胚珠发育而成的种子，种子是裸露的。

裸子植物和被子植物都能产生种子，并用种子繁殖，合称种子植物。蕨类、苔藓、藻类及菌类植物不产生种子，而以孢子繁殖，所以都叫孢子植物。

裸子植物发生于古代上泥盆纪，在石炭纪、二叠纪发展最盛，至中生代三叠纪逐渐衰退，新生的种类不断演变产生，古老的陆续灭种。种类演替，繁衍至今，多是高大的乔木。现代的一部分煤层是由古生代和中生代的裸子植物遗体形成的。

裸子植物在世界上广泛分布，在亚热带高山地区、温带至寒带地区，常组成广大的森林。我国裸子植物的分布地域也极广。

裸子植物很多为重要林木，尤其在北半球，大的森林80%以上是裸子植物，如落叶松、冷杉、华山松、云杉等。多种木材质轻、强度大、不弯、富弹性，是很好建筑、车船、造纸用材。

马尾松

马尾松是裸子植物。常绿乔木，高可达45米，胸径1米 。树冠在壮年期呈狭圆锥形，老年期内则开张如伞状；干皮红褐色，呈不规则裂片；一年生小枝淡黄褐色，轮生。马尾松针叶又分长短，长的达30厘米，叫长叶马尾松；短的仅10厘米以内，叫短叶马尾松。球果长卵形，长4～7厘米，径2.5～4厘米，有短柄，成熟时栗褐色，脱落而不宊存树上。种长4～5毫米，翅长1.5厘米。花期4月，果次年10～12月成熟。

马尾松树干较直；树皮深褐色，长纵裂，长片状剥落；木材纹理直，结构粗；含树脂，耐水湿。重要材用树种。树干可采割松脂，叶可提芳香油。

马尾松是阳性树种，不耐庇荫，喜光、喜温。适生于年均温13～22℃，年降水量800～1800毫米，绝对最低温度不到－10℃。根系发达，主根明显，有根菌。对土壤要求不严格，喜微酸性土壤，但怕水涝，不耐盐碱，在石砾土、沙质土、黏土、山脊和阳坡的冲刷薄地上，以及陡峭的石山岩缝里都能生长。

马尾松分布极广，北自河南及山东南部，南至两广、台湾，东自沿海，西至四川中部及贵州，遍布于华中、华南各地。一般在长江下游海拔600～700米以下，中游约1200米以上，上游约1500米以下均有分布。马尾松经济价值高，是我国南部主要材用树种。

马尾松

被子植物

被子植物是植物界进化中的最高阶段。其根、茎、叶的各种组织分化较完善，木质部有导管和管胞，韧皮部有筛管和伴胞。被子植物最显著的特征，就是有特殊的生殖器官——花。花中的雌蕊由数个心皮组成，胚珠着生在子房内。经传粉受精后，子房发育为果实，胚珠发育为种子，种子被果皮包围，所以叫被子植物。

最早的被子植物化石发现于中生代侏罗纪，至白垩纪末期及第三纪，开始茂盛，经演化发展，成为现代地球上最占优势、种类最多的植物类群，共约25万种，下分双子叶植物和单子叶植物两大纲。

双子叶植物

双子叶植物就是种子具有2片子叶的植物，大约有165000种。双子叶植物纲又称木兰纲。通常又可分为离瓣花类（亦称古生花被类）、合瓣花类（亦称后生花被类）2类。

紫丁香

紫丁香

紫丁香又叫丁香，是公园中常见的观赏花木。它有时候是一丛丛的灌木，有时候又会长成一棵棵的小乔木。紫丁香的小树枝表面十分光滑，它的叶片也是一左一右地互相对生，但比桂花的树叶稍微薄一点，摸上去感觉像张坚韧的蜡光纸。它的花朵很美丽，一簇一簇地成群开放，吐出阵阵芳香，就像许许多多穿紫衣裳的小蝴蝶，紧紧地拥挤在一堆。

紫丁香不怕冷，也不怕干旱，它喜欢在比较寒冷的北方安家落户。还有一种叫丁香的植物，也是开紫花，但它和紫丁香不同，它只生长在气候很暖和的南方。

荔　枝

荔枝的外号叫“水果皇后”，是一种很珍贵的南方水果。

唐玄宗为了让杨贵妃吃上新鲜的荔枝，专门派人从岭南用快马把荔枝送到长安。此时，望穿秋水的杨贵妃见一骑远道飞奔而来，知是贡荔送到，嫣然一笑。此一笑便有了后来的千古绝句：“一骑红尘妃子笑，无人知是荔枝来。”

荔　枝

宋代大文豪苏东坡也曾大发感叹：“日啖荔枝三百颗，不辞长作岭南人。”荔枝的魅力，由此可见一斑。

荔枝生长在南方，一般只有5~10米高，树皮光滑，叶片比普通植物的要坚硬，刚刚抽出的新叶是橘红色，以后渐渐变成了暗绿色。它的花朵很小，淡绿中带有几分白色，一点也不鲜艳，但它的果实却特别引人注目，那就是荔枝。长在树上的荔枝都带着一根细细的长柄，外面包着一层坑坑洼洼的果壳，上面长满了密密麻麻的小瘤子，剥开果壳，里面就露出了肥胖的半透明肉球，一滴滴地往外淌甜水。

荔枝在我国已经有几千年的栽培历史。很久以前，野生的荔枝树生长在深山老林中，它们的果实像葡萄那么大，里面除了一个果核外，只有一层纸一样薄的果肉，而且味道很酸，经过长时间的人工栽培，才变成了现在人人爱吃的珍贵水果。直到今天，在人烟稀少的原始森林中，仍然可以见到野生的荔枝。

单子叶植物

棕　榈

棕榈树和椰子树、槟榔树长得非常像，它们的叶子一般都直接长在又圆又粗的树干顶上，树干中间一段几乎不长叶子，也没有向两边伸出去的树枝。棕榈树的叶子长得很像摊开的手掌，每片叶子又裂成许多又细又长的细条。远远看上去，棕榈树笔直的树干上顶着许多宽大的绿叶，就像一把巨大的阳伞。

在棕榈树干上长着很多像毛一样的咖啡色细丝，这是棕榈树以前长叶子的地方。这些细丝剥下来以后可以做成非常牢固的棕绳，很早以前就有

棕 榈

人用这种绳子来编棕棚床了。用棕绳编的棕棚床不但不容易坏，而且很有弹性，睡上去十分舒服。棕榈的叶子用处很大，它含有丰富的纤维，质地坚韧，撕裂成条能代替绳索。由于棕榈叶造型美观，常绿不落，使棕榈成为优良的观赏树木。

棕榈喜欢生活在热的地方，多分布在秦岭、长江流域以南，以四川、贵州、云南、湖南、湖北、陕西最多，垂直分布多在海拔 1500 米以下，最高达海拔 2700 米。由于棕榈树适应各种气候的能力比较强，因此，现在栽种棕榈树的地方越来越多了。在江南不少气候温暖的城市里，棕榈树更是十分健壮，成为一种重要的园林树木。

美人蕉

美人蕉

美人蕉属美人蕉科美人蕉属多年生直立草本。又名红艳蕉、昙华、兰蕉、矮美人。原产于美洲热带和非洲等地。

美人蕉具有粗壮的肉质根茎，叶互生、宽大。花瓣萼片状，艳丽的花瓣实际上是瓣化的雄蕊，总状花序，花瓣根据品种不同有黄、红色及带斑点等。种子较大，黑褐色，种皮坚硬。花期自初夏至秋末陆续开放。

美人蕉是一种开花时间很长的植物。花期从 5 月到 7 月，开花不断。美人蕉的花色有大红、粉红、橘红、紫红、乳白、紫及红黄相间、红瓣金边等。其中以大红花美人蕉为最美，名谓“红蕉”，故称美人蕉。

美人蕉鲜红的花朵，挺直的绿茎，亭亭玉立，而那些宽大翠绿的叶片又像是随风摆动的衣袖，美人蕉上还常常蒙着一层淡淡的白粉，一株美人蕉就像是一位经过大自然精心打扮的美人。

美人蕉虽然长得并不粗壮，却很健康，它不怕病虫害。由于它外形美丽，所以，许多漂亮的蜜蜂常常被吸引到它身边飞舞。

美人蕉性喜温暖湿润，怕严寒，喜阳光充足、喜深厚的土层和肥沃土质，能耐瘠薄，根芽分生能力强，繁殖快，花期长，是良好的地被植物，又可作花坛、花径、花景的材料。

在非洲炎热的沙漠里，有一种叶子很像芭蕉叶的植物，它的叶子又粗又长，常常有 2～3 米，而且这些叶子全都长在附顶上，整整齐齐地排成一个平面，既像一把扇子，又像是孔雀开屏，在茫茫的沙漠里非常显眼，这就是芭蕉的“兄弟”——旅人蕉。

旅人蕉

在旅人蕉粗大的叶子里藏着很多水，只要把叶子划开一个口子，或者钻一个小洞，这些清凉的水就会流出来。所以，对于在炎热沙漠里旅行的人来说，旅人蕉就像是一个天然的茶水供应站。坐在宽大的旅人蕉叶下遮阴乘凉，再喝上几口清凉解渴的旅人蕉叶里的水，舒服极了。

植物结构

种子植物体常可区分为根、茎、叶、花、果和种子等6个部分，每一部分称为一种器官，每一器官具有不同的外部形态和内部构造，担负着不同的生理机能。根能从土壤中吸收水分和无机盐类；叶能制造有机养料；茎能运输水分和养料，它们都担负着植物体生活的营养机能，故称为营养器官。植物生长到一定时期，能开花结果，产生种子，繁殖后代，所以花、果实、种子称为生殖器官。

种子植物器官的形成，是由种子在一定条件下开始萌发，长出幼苗，幼苗生长到发育阶段，则开花结实产生种子。从种子到种子，是种子植物的一个完整的个体发育过程。所以研究种子植物的外部形态要从种子开始。

种

植物的种子，一般由种皮、胚和胚乳3个部分组成。

种皮是种子外面的保护层，起保护作用。有些植物的种皮仅1层，但一般种子都分外种皮、内种皮2层。外种皮厚而硬，常具光泽，有的还有花纹或其他附属物，如乌桕的种皮附有蜡层；龙眼、荔枝、卫茅等，在种子外包有一层肉质的假种皮。

成熟种子的种皮上，一般可见种脐、种孔、种脊等部分，如刺槐的种子侧面，有浅色圆形凹下的种脐，这是种柄脱离后留下的痕迹。种脐的一端有一细孔称种孔。种脐的另二端与种孔相对处，有一隆脊，略呈黑色，称为种脊。

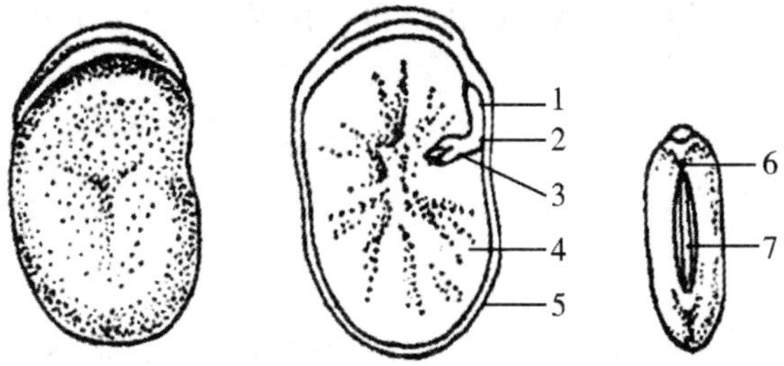

A　　　　B　　　　C

蚕豆的种子

A.种子外形的侧面　B.切去一半子叶显示内部结构
C.种子外形的侧面观
1.胚根　2.胚轴　3.胚芽　4.子叶　5.种皮　6.种孔　7.种脐

种　子

胚是种子的最主要部分。健全的种子都含有胚。它是隐藏在种子内的幼小植物体，种子萌发，实际就是胚的生长和形成幼苗的过程。胚包括胚芽、胚轴、胚根和子叶 4 个部分。胚轴为胚的中轴，它上端连着胚芽，下端连着胚根，子叶生在胚轴上。胚芽将来发育成地上部分，胚根发育成初生根，子叶者生于胚轴的两侧，它的功能是贮存养料或吸收养料。各种子植物类群的子叶数目是不相同的。双子叶植物的子叶数目为 2 片；单子叶植物为 1 片；裸子植物的子叶数目不定，通常为 2 片以上，如银杏 2 ~ 3 片，杉木 2 片，红松 10 ~ 14 片，油松 9 ~ 11 片。

胚乳位于种皮和胚之间，是种子内贮藏营养物质的部分，在种子萌发时供胚生长之用。有些植物的胚乳在种子形成过程中全被胚吸收。所以种子成熟后已无胚乳，其营养物质则贮藏在子叶内，如胡桃、山槐、锦鸡儿等。

种子的类型根据种子成熟后胚乳的有无，大致可分为 2 类：

（1）有胚乳种子。胚乳占种子大部分位置，胚很小，如油桐、松、稻、麦、竹等。

（2）无胚乳种子。这类种子只有种皮和胚两部分，而子叶特别发达，贮藏大量的营养物质，代替了胚乳的功能，如刺槐、板栗等。

概括言之，种子的基本构造可包括种皮、胚芽、子叶、胚轴、胚根、胚乳。

根

根一般生长于土壤中，由于环境变化较小，因此形态变化不大，通常呈圆柱形，分枝很多。根通常可分为主根、侧根和不定根3类。

主根直接由胚根发育而成，也叫初生根。一株植物只有1条主根，通常垂直向下生长。主根的四周可以发生很多侧根，常称为一级侧根。一级侧根还可以发生二级、三级侧根，而形成庞大的根系。侧根发生较晚，常叫次生根，在土壤中的分布与主根不同，多斜向地下生长。主根与侧根都从植物体固定部位长出，所以称为定根。但有些植物除了定根外，还可以从茎、叶、根上长出根，由于这些根产生的位置不固定，故称为不定根。不定根的形成，可使植物更好地固定于土壤中，同时扩大吸收面积。可利用植物产生不定根的这种特性进行扦插、压条等营养繁殖。

一株植物所有根的总体，称为根系。按其形态及发育过程不同，可分2种类型：

（1）直根系。主根发达，较各级侧根粗大而长，能明显地区分出主根和侧根。大部分双子叶植物和裸子叶植物的根系属于此类型。

（2）须根系。主根不发达或早期停止生长，以致枯萎，由茎的基部产生许多粗细相似的不定根，根系呈丛生状态，如玉米、小麦、竹、棕榈等，大部分单子叶植物的根系属此类型。

根据根系在土壤中的分布情况，又可分为深根系和浅根系2类：

（1）深根系。主根发达，垂直向下生长，整个根系分布在较深的土层中，例如杨、柳、马尾松等一年生幼苗主根就深达20～30厘米，成长后，主根可达5米以上；大叶桉在比较肥沃湿润的土壤中，侧根可沿地表延伸3～4米，但仍然有明显的垂直根，深入土中。

（2）浅根系。主根不发达，侧根或不定根向四面扩展，长度远远超过主根，根系大部分分布在土壤表层，如南方20年生的杉木，其根深也不过

1.5 米，北方 10 多年生云杉根深 1 米左右。刺槐的根系一般分布在 20～30 厘米的土壤表层，因而抗风力弱，易风倒。

根的形态

除了通常的根系，还有一些变态的根系。变态的根系和一般的根系大不相同，典型的根大多为圆柱形，而变态的根则有各种形态。根据外形特征，根的变态有以下几种类型：

（1）贮藏根。有些植物的根，由于贮藏大量养料，变成肥厚多汁的贮藏根，例如萝卜。

（2）支柱根。有些植物从茎部发生一些不定根，向下生长，先端伸入土中，加强支持并增加植物体的吸收作用，这种根叫支柱根，如红树、榕树和玉米等。

（3）呼吸根。有些植物根系被埋入淤泥或浅水中，生有向上露出水面的呼吸根，借以增加植物体的呼吸功能，如红树、落羽杉、水松等。

（4）气根。自茎部产生许多不定根，悬垂空中，称气根，例如榕树、吊兰等。

（5）寄生根。有些寄生植物如桑寄生、菟丝子等，往往以吸器伸入寄主体中，吸取水分和养料。这种吸器一般认为是由茎上长出的不定根的变态，称为寄生根。

（6）板状根。有些热带树木，在根与树干接近的部位（即干基），发生不均匀的生长，形成板壁状的结构，支持着巨大的树冠，加强树木的稳固性。这种根，称为板状根，如人面子、木棉等。

茎

茎的定义

茎是叶、花等器官着生的轴，茎通常在叶腋生有芽，由芽发生茎的分枝，即为枝条。茎或枝条上着生叶的部位叫节，各节之间的距离叫节间。有些植物节间很短，难以辨认，形成叶子丛生状态。有时节间则长而明显，如竹子。而苹果、梨、银杏等，有2种枝条，有的节间较长，叫长枝；有的节间较短，叫短枝。

叶子脱落后，枝条上留下的痕迹，叫叶痕，叶痕内的点状痕迹，称为叶迹（维管束痕）。枝条发芽时，芽鳞脱落，也留下许多密集的痕迹，环绕在枝条的周围，称为芽鳞痕。此外，在多数树木的枝条上还有一些长形、圆形、扁形或其他形状的突起部分，称为皮孔，皮孔有助于枝条的气体交换。

不同的树木种类，维管束痕的数目及排列的形式各不同，叶痕和皮孔的形状也常有差异，这些特征都可作为识别树木的依据。

茎的种类

茎通常呈圆柱形，也有方形、三棱形、扁形等；多数木本植物的茎已木质化，茎中充实，但有的茎髓心中空。各种不同的树，髓心形状各有不同，如桤木三角形，蓝桉四方形，榆、玉兰髓心圆形，大叶黄杨棱形，蒙古栎、枫香星形，胡桃楸和枫杨的髓心则呈片状髓隔膜。髓心的形状也是识别树木的重要依据。

直立生长的茎，称直立茎，以卷须或吸盘攀缘生长的茎叫攀缘茎。缠绕在其他物体上生长的茎，叫缠绕茎。匍匐在地上的茎叫匍匐茎。

根据植物茎木质化的程度不同，则可分为木本茎、草本茎2大类。

木本茎植物茎的木质化程度较高，一般是多年生植物。通常又按照植物寿命的长短、分枝方式、外部形态和内部构造，又分为乔木、灌木和藤本。

乔木具高大明显的主干，并多次分枝，组成庞大的树冠。

灌木通常没有明显的主干，分枝从近地面开始，无树冠和枝下高的区别，如胡枝子、榛子、桃金娘等。

乔木、灌木的区分不是绝对的，有时因生长环境条件不同而发生变化。

藤本的茎不能直立，需攀缘或缠绕它物而上升。其茎有草质、木质之分，木质者常为多年生藤本，如北五味子、葛藤、买麻藤等。

草本茎一般木质部不发达，全株或地上部分，常在短期或1年内死亡。按其生活期的长短不同，可分为一年生、二年生和多年生草本植物。按生长方式，也有直立茎（如禾本科植物）和攀缘、缠绕的草质藤本植物。

茎的分枝

分枝是植物的基本特征之一，是植物生长的普遍现象。除棕榈科植物外，茎分枝有它的规律性，每种植物各有一定的方式，大致可分为以下3种类型。

（1）单轴分枝。是由主茎发生侧枝，侧枝再分枝，从幼苗开始，主茎的顶芽活动始终占优势，因而形成发达通直的主干。这种分枝出材率较高，树冠较小，一般呈尖塔形、圆锥形、圆柱形、长椭圆形等，以裸子植物占多数，如云杉、冷杉、杉木、落叶松等。

（2）合轴分枝。主茎的顶芽不发育或分化为花芽，由靠近顶芽的侧芽发育成新枝，代替主轴。经过一段时间，新枝的顶芽又依次为下部的侧芽所代替，向上生长。这样形成的主轴，实际是一段很短的主茎与各级侧枝相继连合而成，故叫合轴分枝（假轴分枝）。这样形成的枝条，愈是幼嫩的部分，弯曲愈显著，合轴分枝情况愈清楚。合轴分枝在被子植物中占优势，树冠一般呈卵形、圆形、宽卵形、阔椭圆形，如枣树、椴树、板栗、悬铃木等。

（3）假二叉分枝。这种分枝方式，是具有对生叶的植物，在顶芽停止生长或分化为花芽后，由顶芽下2个对生腋芽同时伸展，形成两个叉状的侧枝，如丁香、槭树、梓树等。

在一株植物上，也有2种分枝并存的方式，如玉兰、木莲、女贞，有单轴分枝，也有合轴分枝，又有假二叉分枝。

茎的变态

植物的茎一般生长在地面上，但有些植物的茎却生长在地下，这叫地下茎，是茎的变态，外表和地面茎不同，但也有茎的特点，如有节、节间、鳞片、退化叶、腋芽和顶芽，以区别于根。

（1）地下茎的变态。根状茎的外形与根相似，但有明显的节和节间，节上可生出地上枝、芽和不定根，如竹类、玉竹等。块茎是地下茎末端膨

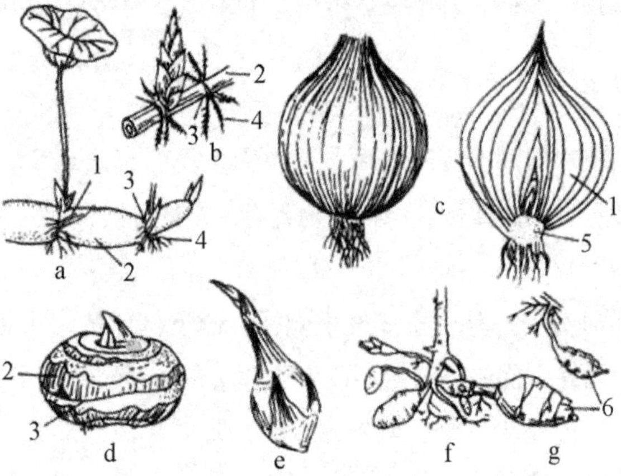

茎的变态(地下茎)

a、b 根状茎（a 莲，b 竹） c 鳞茎（洋葱） d、e 球茎（d荸荠，e慈菇） f、g 块茎（f 菊芋，g 甘露子）

1.鳞叶 2.节间 3.节 4.不定根 5.鳞茎盘 6.块根

茎 地下茎的变态

大而成的块状肉质茎，如土豆（马铃薯）。鳞茎是一种球体或扁球形体，由肥厚的鳞片构成，基部中央有一小的鳞盘，即退化的茎，如百合、洋葱。球茎则成球形，是一种短而肥厚的地下茎，下部有无数的根，外面有干膜质的鳞片，芽藏于鳞片内，如荸荠、芋头。

（2）地上茎的变态。茎刺（枝刺），有些植物，如山楂、山梨、石榴、

皂荚的部分枝条变成刺。茎卷须（枝卷须），有些攀缘植物枝的先端变卷须，如黄瓜、葡萄。叶状枝（叶状茎），叶退化，枝条变成叶状，如天门冬、假叶树。

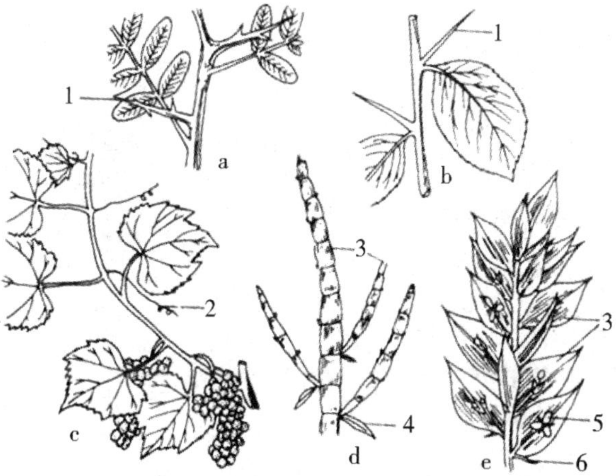

茎的变态(地上茎)

a、b 茎刺（a 皂荚，b 山楂） c 茎卷须（葡萄）

d、e叶状茎（d 竹节蓼，e 假叶树）

1.茎刺 2.茎卷须 3.叶状茎 4.叶 5.花 6.鳞叶

茎 地上茎的变态

叶

叶的组成

叶是种子植物重要的营养器官。完全叶由叶片、叶柄、托叶 3 个部分组成，如桃、梨等。三者缺一或二的叶，叫不完全叶，如白杞柳、樟树等。

叶片为绿色、扁平，有许多叶脉，是叶的主要部分。

叶柄支撑着叶片，使叶片着生在一定的位置，以便接受阳光。同时叶柄又是叶和茎之间的物质交换的通道。有些植物的叶柄扩展成片状，将茎包围，叫叶鞘，如禾本科植物。

托叶的主要功能在于保护未开放的叶。很多木本植物只在发叶早期具托叶，但很快脱落。

叶　序

在茎或枝条上的叶，都按一定排列方式，这些排列方式称叶序，分互生、对生和轮生3种基本类型。

(1) 互生。一个节上着生1片叶，如杨、柳、樟树、茶树等。如着生在节间极度缩短的短枝上，似很多叶生长在一起的，叫簇生，如银杏、落叶松。

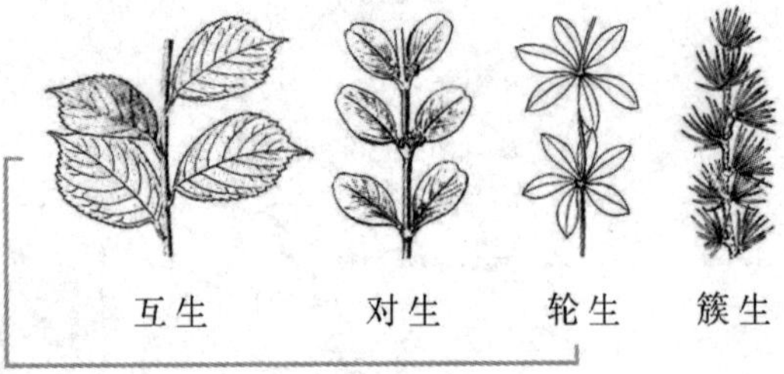

叶　序

(2) 对生。一个节上对生着2片叶，如丁香、水曲柳、女贞、泡桐等。

(3) 轮生。一个节上着生3片或3片以上的叶，如杜松、夹竹桃等。

单叶和复叶

一个叶柄上只长1个叶片，叫单叶。一个叶柄上长2至多个叶片的，叫复叶。复叶的叶柄常叫总叶柄，其上的轴叫叶轴。叶轴两侧着生的叶片叫小叶。依小叶排列的情形不同，复叶又分为羽状复叶、掌状复叶和三出复叶等。

(1) 羽状复叶。小叶长在叶轴两侧，成羽状，如刺槐、黄檀等。复叶顶端只具1个小叶的，称单（奇）数羽状复叶，如水曲柳、月季；顶端长2个叶的，称双（偶）数羽状复叶；如无患子、荔枝、皂角等。

羽状复叶的叶轴不分枝，两侧直接着生小叶的叫一回羽状复叶；如叶轴分枝一次，再着生小叶，称二回羽状复叶，如合欢、龙牙槐木。叶轴上的每一个分枝及其着生的小叶片，统称羽片。同样，还有三回（如苦楝）、四回羽状复叶等。

(2) 掌状复叶。没有叶轴，小叶片生长在总叶柄的顶端，成掌状排列，如人参、刺五加、鸭脚木、七叶树等。

(3) 三出复叶。复叶通常至少要有 3 个小叶。只具有 3 个小叶的复叶，特称为三出复叶，如重阳木。

还有一种比较特殊的复叶，是在一个叶柄上只生 1 个小叶，但分 2 节，原由三出复叶退化而成的，如柑橘，叫单身复叶。

花

被子植物生长到一定的阶段，而外界条件又能满足形成花芽的需要时，部分茎上的芽就会发生根本的变化，逐渐形成花芽。花芽可以形成一朵花或一个花序。

根据花的发育来源，可以说明花芽是由叶芽变化而成的，它是一种适应于繁殖而变态的枝条，都是由变态的叶变化而成的。

花的组成部分

一朵完全花是由花萼、花冠、雄蕊、雌蕊 4 个部分构成，缺一部分或二部分，即为不完全花，如杨、柳等。长花的小枝称为花梗，花梗顶端膨大的部分称花托，花的各部分都着生在花托上。

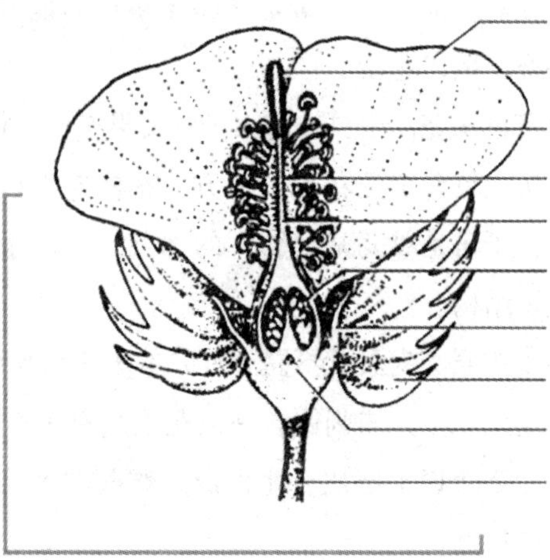

花

一朵花中有雄蕊和雌蕊的，称两性花；只有雄蕊或雌蕊的称单性花，其中有雌蕊的为雌花，有雄蕊的为雄花。雌花与雄花生于同一植株上，称雌雄同株植物，如乌桕；雌花与雄花不生于同一植株的，称雌雄异株植物，如杨、柳、杜仲等。有的植物如朴树、梧桐，同一植株上有单性花，又有两性花，称杂性同株。

（1）花萼。位于花的最外轮，由几个呈绿色的萼片组成。有些植物的花萼外面，还有更小的花萼，这叫副萼，如锦葵、木芙蓉。花萼的作用是保护花的内部结构。

萼片形状大小相似的，称整齐萼；形状大小不同的叫不整齐萼。萼片之间完全分离的叫离萼，萼片完全连合或基部连合的叫合萼。

（2）花冠。位于花萼以内，是花瓣的总称，由几个花瓣组成，通常具有鲜艳的颜色，是花中最显著的部分，有招引昆虫的作用。具有颜色鲜艳的花冠，是虫媒植物的特征之一。

花冠与花萼合称花被。具有花萼和花冠的花称两被花，如梨、梅等。只有花萼或只有花冠的，称单被花，如百合。没有花被的花称无被花（或裸花），如杨、柳、胡桃等。花被常在果后凋落。

（3）雄蕊雌蕊。雄蕊是花中能产生花粉的部分，一朵花中有1至数朵雄蕊。雄蕊通常直接生在花托上，但也有生在花冠上的。雄蕊由花丝和花药两部分组成。通常花丝纤细如丝状，起支持作用；花药是一个囊状结构，着生于花丝顶部。花粉囊是形成花粉粒的地方，当花粉粒发育成熟时，花药就裂开，散出花粉。

雌蕊位于花的中央，将来发育成果实，由柱头、花柱和子房3个部分构成。柱头是雌蕊承受花粉的地方，花柱连接柱头与子房，使柱头伸出以接受花粉；子房是雌蕊基部膨大的部分，其中生有胚珠，是被子植物产生种子的重要结构。

雌蕊按照心皮数目不同，可分单雌蕊和复雌蕊2种类型。单雌蕊常由1个心皮组成一室，如刺槐，一朵花上只有1个单雌蕊；复雌蕊（合心皮雌蕊）是由2个以上心皮合生而成。雌蕊的类型和子房、心皮的数目，是分类的重要依据。

花序及其类型

花有单生的，也有成群生长的。单生的花是一朵花生在一个花枝上；

成群的花是由很多朵花，生在一个花枝上，形成花序。根据花在花轴上排列的方式和开放次序，可以分为总状类花序（无限花序）和聚伞类花序（有限花序）2 大类。

总状类花序的花序作总状分枝，开花的次序由下而上，或由外向内。花序不断地向上伸长，生长的时间延续较久，因此又称无限花序。

聚伞类花序的开花次序由上而下或由内而外，花序很快停止伸长，因此又称为有限花序。

另外，如果在同一花序中，一部分是属于有限生长的，而另一部分属无限生长，则这种花序叫混合花序。像七叶树属的聚伞圆锥花序，花序的主轴是无限的，而侧轴则为有限聚伞花序，整个花序成为圆锥状。

果

果实的组成部分

果实是被子植物特有的器官，由花中的子房受精发育而成，其中，子房壁发育成果皮，子房内的胚珠发育成种子。

成熟果实的果皮常分外、中、内三层。外果皮薄，常被有角质、蜡质和绒毛；中果皮厚；内果皮结构上变化很大，有些变木质化成果核，有些则变为多汁的可食部分。

但有些植物的果实形成，除子房外，还有花的其他部分参与，如梨、苹果类的果实，不但是子房，花托也参与形成果实，这种果实叫假果；完全由子房形成的果实，则叫真果。

果实的类型

根据构成果实的心皮数目，分离、连合情况以及果皮的性质等，可将果类归纳成单果、聚合果、聚花果 3 大类。

（1）单果。由一花中的单心皮雌蕊或多心皮合生雌蕊的子房（即 1 个子房）发育而成。大多数植物的果实属此类型，其中因果皮性质不同，又分为干果和肉质果2类。干果的果实成熟时，果皮干燥。干果依成熟时外壳开裂或不开裂，又分为裂果和闭果。肉质果的果皮肉质多汁，一般可分为核果、浆果、柑果、梨果和瓠果。其中瓠果是肉质假果。

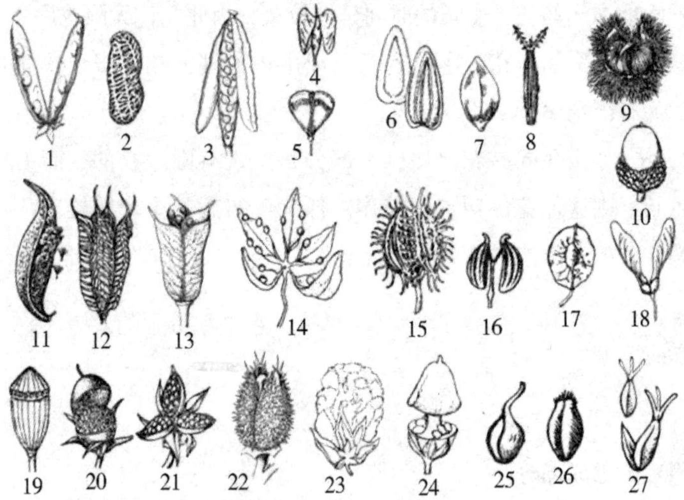

1~2.荚果；3.长角果；5~6.短角果；7~9.瘦果；10~11.坚果；12~15.蓇葖果；16~19.分果（双悬果）；20~25.蒴果；26~27.颖果

果 实

（2）聚合果。一花中有多数离心皮雌蕊，每个单雌蕊形成一个果实，这些果实聚合在一个花托上，组成一个聚合果。因小果不同，聚合果又可分为聚合蓇荚果，如八角、茴香、厚朴；聚合瘦果，如草莓；聚合核果，如悬钩子等。

（3）聚花果。由整个花序形成的果类（即一果序），其中包含着许多小果，每一小果由一朵花发育而成，成熟时，整个果序一起脱落，如桑属、榕属等果实。

植物奇趣

淹不死的植物

淹水的土壤里氧气不足，会使根系缺乏氧气，植物根系的吸收水肥能力与利用水肥能力就会大大降低。水淹使植物饥饿、衰老、受毒害，造成生理障碍而致死，这几乎是普遍现象。

每次暴雨过后，积水的低洼土地上的植物都面临着灾难。最怕涝的棉花，淹水一两天，叶片就开始自下而上发生枯萎、脱落，只有顶部近生长点的幼小嫩叶，还能保持一些绿色。大豆淹水一两天，叶片也会自下而上地脱落，小麦幼苗淹水 5 ~ 10 便会死亡。水稻算比较耐涝的植物了，但是如果淹水深度超过植株高度的一半，时间久了也会活得不景气。

但是，有的植物就不怕水淹，是淹不死的植物。金鱼草（又叫金鱼藻）就不怕水，即使长年沉浸在水里也淹不死。金鱼草的植株体又柔又细，轮生的叶，叶宽只有 0.1 ~ 0.5 毫米。这种柔软的纤草遍布世界各大洲的水沟、池沼和湖泊里。

金鱼草为什么淹不死呢？原来，这是它们适应水生环境的特征给予的保证。金鱼草的茎叶里有好多空洞，洞里有空气，金鱼草可以从中获得氧气，进行呼吸，这种组织结构使它不会被水淹死。金鱼草的叶片分裂成丝状，表面没有角质层，细胞壁很薄，这种结构使得茎叶表面任何部分的细胞都可以吸收水分、接受光线。金鱼草没有陆地植物那种支持茎干的机械组织和输导组织，又没有根。这柔软的植物体有利于抗水压，而不致被水冲坏。

像金鱼草这样沉浸在水中生长的高等植物还有几种，如茨藻、小茨藻等。常见菱角和睡莲也是水生植物，荷花的茎高出水面，叶花都在水外生存，对水也有很好的适应性。这些水生植物均广泛分布于我国各地的淡水或咸水中。

金鱼草

水生植物的结构证明，植物若要不怕涝，就必须在体内具备良好的空气通道，根的通气组织越发达，根的木质化越扩展，它的抗涝能力也越强。比如水稻的根在表皮下就有显著的木质化厚壁细胞，这就是它比旱地作物的抗涝性强的一个原因。

这些水生植物聚集生长在一起，还可以构成一种奇观——浮岛。很久以前，人们在大川巨湖中常常能看见浮岛。大小不同的、形式不一的长满了植物的小岛在水面上漂浮着。人们今天看到了它，明天它又不知到哪里去了。当时人们还未明了浮岛的来龙去脉，往往惊诧不已，甚至把它当成神秘的圣地，认为这些在湖川中时隐时现的小陆地，可能是神怪们要的把戏。其实这些浮岛的构造原理毫不足奇，它们就是由大群的水生植物漂浮生长在一起形成的。

浮　岛

人们都见过生在池畔和湖旁的芦苇和其他水草，有时它们匐匍在泥中的茎、根，连同泥土一齐脱离了岸，在水中漂泊。浮岛的构成原理完全与此相同。流水冲激着江、湖两岸，一部分生长着植物的岸边泥土就可能脱离陆地。这泥土中广布着植物的根与茎，它们盘根错节，纠缠在一起，泥土粘在它们之间。当它们的分量不十分沉重时，就能在水上漂浮。时间随着流水过去，枯枝落叶就满积上面，逐渐变成腐殖质，形成了土壤上面竟生起植物，但仍在水面上漂浮。人们遥相张望，确实是一个浮动的岛屿。

在美国的密西西比河和非洲的尼罗河上有很多这种岛。最大的浮岛面积巨大，当时航行在河中的轮船甚至都可以用它作暂时的停泊之地。

热不死的植物

不同的植物对于高温的忍受程度不一样。忍受高温力最强的是矿泉中生存的蓝绿藻和细菌，那里的温度达70℃。在高等植物中最耐高温的要算多肉的植物如仙人掌或景天科中的一些植物，它们可在60℃阳光曝射下安然生存。

抗热性较强的植物，在高温下能维持正常代谢，对异常代谢也有较大的忍耐能力。而抗热性差的植物，稍高的温度就会伤害它们。

仙人掌

由于对沙漠缺水高热气候的适应，仙人掌的叶子演化成短短的小刺，以减少水分蒸发，同时也能作阻止动物吞食的武器；茎演化为肥厚含水的形状；同时，它长出覆盖范围非常之大的根，用作下大雨时吸收最多的雨水。

在栽培植物中，南纬度的喜温植物，如高粱、水稻、棉花和蓖麻也有较强的耐热性。

生活中常常把植物对酷热的抗性与植物抗旱性混淆。其实植物对热度的反应有着自己的规律性，如作物中的玉米，它对较高的热度能忍耐，但不抗旱，忍受不了脱水；另一些作物如向日葵等有较强的抗脱水能力，但抗不住高温的侵袭。

高温之所以对植物有害，是因为它使一些可逆的代谢变化转变为不可逆，逐渐损害植物的健康。这样的变化，最先发生在呼吸上；呼吸强度发生了改变。如果高温持续下去，时间越长，或温度越高，引起的伤害也越严重。由于高温，植物体内的合成过程受阻，会发生一系列的不利变化，如蛋白质的损耗、毒物的生长、生化上某些代谢产物的缺少，以及饥饿等等情况就都发生了。

冻不死的植物

“大雪压青松，青松挺且直。”——有诗人这样形容一种不畏严寒、坚韧不拔、百折不回的精神。青松，的确有一种迎霜傲雪，不惧强暴的“个性”，它在陡峭的岩石峭壁之中，面对着皑皑的自雪，傲然挺立。

通常，低温会使植物受到不同程度的伤害，轻则影响了正常的生长发育，重则引起死亡。耐寒植物能在各种严寒环境中生存，是什么原因呢？

高山的严寒往往达零下几十摄氏度，这种冻害使植物体内发生了冰冻。霜害的性质也与冰害相差不多，当气温缓慢下降到冰点以下时，作物组织细胞间隙的溶液内，水的成分比细胞液中多，所以在细胞之间先出现冰块。这样一来，细胞间隙内未冰冻的溶液浓度便高于细胞液的浓度，于是细胞内水分大量外渗，冰块也就继续扩大。如果细胞的耐寒性弱，外界温度下降迅速，就容易引起细胞内部结冰，原生质结冰，结构受到破坏，引起冻害。可是，当气温转暖后，冰块融化为水，来自细胞内的水能否迅速回到原处，更是引起冻害的关键。要是水能回去，正常生命活动就能保持。要是冰块一融为水，水就化为水汽被蒸发掉，植物就不能恢复正常生命，而枯萎死亡了。

正因为寒冷给植物生存带来了很大的危害，所以在农作物生产中，特别是在北方的栽培作物生产中，对抗寒措施十分重视。

防止寒冻的办法，原则上是提高作物的耐寒能力，培育耐寒早熟品种。采用锻练的方法，可使植物能忍受较强的寒冷。但是，不是所有的植物都能受锻练，如棉花和瓜类，长期处于稍高于0℃的温度时，不但不能获得高度的抗寒力，相反会严重受害，甚至死去。

“雪里红”（雪里蕻）这种植物是一种很耐冻的植物，“霜压”之后不但不受害，反而使体内可溶性糖分激增，变得又甜又嫩，受冻反而提高了菜的质量。山上耐寒的灌木如山茶、白达木，天冷时冻得连叶子都卷缩起来，或是伸展结冰后成为半透明的叶；一到天暖解冻，叶片就又复原，舒展开来，恢复了正常的生长。

雪里红（雪里蕻）

雪莲，生活在我国西藏昌都地区和四川西北部的海拔4500～4800米的地带。西藏有好几种雪莲花，除昌都地区之外，其他高山上也有，它们都是菊科中凤毛菊属的草本植物。在那里石滩遍处，许多植物都像爬在地上一样构成了别具特色的高山矮草草原。如苔状蚤缀、垫状点地梅都在这里生长，著名的雪莲花就夹杂于众草之间。那么，高山上的雪莲靠什么抵御寒冷呢？原来雪莲花身上有着良好的防寒设备。雪莲花满身披着白绵毛，这白绵毛既保温又保湿，还能对高山上强烈的太阳辐射起反射作用。这件“白绒袍”可以保护雪莲花在寒冷的环境里不受伤害。

长米的树

我们只见过长米的庄稼，可没见过长米的树。但在菲律宾、印度尼西亚等国家的许多岛屿上就出产一种长米的树。

在这些风景绮丽的岛屿上，生长着一种棕榈科的常绿大乔木，叫西谷椰子树。这种树高达 20 米，顶端上生着羽状复叶，叶子足有 3 ~6 米长。西谷椰子树的树干很粗，直径有 7 ~8 寸（1 寸约合 3.3 厘米），里面淀粉十分丰富。这种树寿命为 10 ~20 年，一生中只开一次花，而且开花后不到几个月就枯死了。西谷椰子树花很多，淡红色包在黄褐色苞片内，花落后结的果实不大，和李子差不多。

西谷椰子树

岛屿上的居民在西谷椰子树未开花前砍倒树干，把树干切成 1 米长左右的段，再把每段树干纵劈成两半，然后用一种竹制的斧子，把茎内的淀粉刮出来，放在有水的桶里，充分搅拌之后，淀粉就自行沉入桶底。倒去上面澄清的水，把底层淀粉干燥，就可得到均匀洁白的好像大米一样的颗粒，人们把这种淀粉粒称为“西谷米”。一棵中等树，就可制出 100 千克这样的米。

菲律宾、印度尼西亚人民把西谷米当成粮食，用它做的饭，喷香可口，营养丰富。西谷米除本地食用外，还远销世界各地。

这种淀粉不怕虫蛀。因此除了食用，西谷米还能用在纺织工业上，用来上浆。

醉人草

埃塞俄比亚出产一种草，属于胡椒属，当地人民把它叫做“卡瓦—卡瓦”，也有叫做“考沙”的，它就是醉人草。

醉人草

“卡瓦—卡瓦”，是多年生的草本植物，茎高3米多，叶子形状像心脏。花开的很多，小小的，黄绿色。其体内含有一种树脂，这种树脂有很奇特的作用——它能使人麻醉。卡瓦的麻醉性能很像鸦片，但二者成分不一样。

埃塞俄比亚有很多野生的“卡瓦”，但是当地人民仍然都很热心栽培这种植物，就是因为它的根中的树脂，既具有麻醉性，又是一种利尿的药。当地人民嗜好这种树脂，就像嗜酒的人对酒那样贪恋一样。

死亡之树

见血封喉树

关于毒树，传说很多，在南洋爪哇就有这样一个传说。在一个岛子上曾有过一株大毒树，在它的一二十千米左右的地方，动物、植物全部死光。毒树毒得方圆百里的范围内一片荒凉，哪怕是偶尔从树的上空飞越的鸟也不能幸免，都会哀叫着中毒落地。还说，有一次有五六千土人因受欧洲人追赶，逃到离此树二三十千米的地方安歇，不到2个月，大部分都中毒死去，仅存下300余人。后来，由于此树秧祸太大。有一回派20个死囚去砍伐，条件是“若将此树砍伐，则将功赎罪”，囚犯们去了，砍伐了这棵毒树，结果，生还者只有2人。这传说一直被当地人深信不疑，直到后来有一位荷兰医生去实地考察后，才证实这是谬谈。

1859年，英国军队与东印度群岛中的婆罗洲土人交战，土人把芦苇薄片的一端削成箭头，箭头尖上蘸上毒树的汁液，善射的人把这种箭射向来犯的敌军，最远可射约100米远。起初英国士兵不知道这箭的厉害，径直突进，未过几时，身中一二枝箭的战士便跌倒身死，毒箭的杀伤力使英国士兵惊骇万分。

这种最毒的树叫“见血封喉”，外形美丽，内有剧毒。若是人们将这种树皮割破，里面就会流出乳白色的汁液，如果误将此液落入眼中，就会失明。甚至在燃烧这种树时，烟气熏入眼中，也要引起失明。从前的美洲、非洲及欧洲土人在制造抵抗外侮的武器时，往往都预备有这种毒液，当敌人或野兽来犯时，他们就在屋宅四周密布一种带有毒液的竹串。由于当地土人都是赤脚走路，进攻的敌人或兽若误触竹串，都会立刻倒地而死掉。诗人曾感叹地称这种树为“死亡之树”。

在我国的海南岛和西双版纳也有见血封喉这种毒树，它属于桑科，有剧毒，它的白色乳汁能使人心脏麻痹而停止跳动。人畜皮肤破了的地方如果沾上树液，能使血液凝固。当地人把毒汁涂在箭上，用来捕杀野兽。

恶魔之叶

在安徒生童话里有一个野天鹅的故事，讲述了美丽的艾丽莎用荨麻织出11件长袖的披甲来搭救她11位哥哥的动人事迹。故事中说，艾丽莎采集荨麻，双手都被烧起了泡，只要摸一下荨麻，就像摸着了火似的。真有这么毒的荨麻吗？

在外国有一些很毒的荨麻。以前印度人唆使牛与老虎相斗时，就先用荨麻刺激牛尾巴，据说这样能惹起牛的愤怒，增长勇气。谁若是被荨麻刺了，两三天痛感不消，甚至有因痛致死的，所以有人把荨麻叶叫做恶魔之叶。

类似恶魔之叶这样有毒的植物，在我国也有很多，明显有毒的植物就有一二百种以上。荨麻在南方是乔木，在北方则是一年生的大草本，它的茎上叶背满布着比针还细小的刺，在刺针的根上，膨起的部分满贮着氢氰酸的毒液。

为什么这些植物有毒呢？那是因为不同种类的植物，由于它们不同的生理活动（代谢作用）的结果，就使它们体内积聚了不同性质的物质。如果它们体内积聚了植物碱、糖苷、皂素、毒蛋白、氢氰酸以及一些其他还未查明的毒素，一旦人畜接触或者吃入，就会发生了毒害作用。

一般来说，有毒植物和无毒植物不易截然分开，但有些含有强烈的致命毒素，则应列为有毒植物，如蓖麻和巴豆。

蓖麻，一般叫做大麻子，是一种油料作物，属于大戟科。蓖麻在北方是一年生草本植物，但在热带却长成小乔木。蓖麻种子含有毒蛋白，也就是蓖麻毒素，还含蓖麻碱，都是极毒的成分。蓖麻的枝和叶也都极毒，因为内含氢氰酸。人吃了 7 毫克的毒蛋白，就发生剧烈的胃疼腹痛，最后呼吸麻痹而死。

巴豆也是大戟科的有毒植物。它是四季常绿的乔木或灌木，高 3 ~4 米，主要产在长江以南的福建、广东、广西、云南等省份。巴豆叶子呈卵圆形，花、果、叶都有白色短毛，花是淡黄色，果是黄褐色。巴豆全身有毒，种子毒最大，种子里含有毒蛋白，也就是巴豆素。吃了巴豆会引起强烈呕吐、腹泻、血压下降，直至休克。

我国山西、河南、湖北、湖南、四川、云南有一种有毒植物叫马桑。马桑是落叶灌木，高 1 ~2 米，叶子对生，叶片椭圆形。马桑花，黄绿色。马桑的果实是浆果，红色或者紫黑色，好像葡萄一样，且有甜味。马桑的果实毒性很大，常为孩子或成人误食，吃了马桑果中

蓖　麻

毒症状是恶心、呕吐、呼吸困难、惊厥直至死亡。马桑的茎叶也有毒，里面含有马桑毒素。

植物碱是植物体内一些含氮的有机化合物，最著名的有毒植物毒芹，就含有生物碱。毒芹又叫走马芹、野芹菜花、芹叶钩吻。河北、内蒙古、西北、东北广大地区都有分布。毒芹多生在池沼、湿地或浅水中。它是多年生草本植物，花很小，是白色的，果实上有棱。毒芹也带有芹菜香味，容易与野芹菜相混被人采吃。毒芹全身皆毒，含有毒芹碱，叶子和未成熟的果实中含毒最甚。毒芹中毒后头痛、恶心、呕吐、手脚发麻而全身瘫痪，最后昏迷，呼吸困难而死去。

桃、杏、枇杷的核仁含有毒性很大的腈苷，白果和苦杏仁种子内含有苦杏仁苷，溶在水里能产生氢氰酸。美丽的夹竹桃叶子中含有强心苷，100克夹竹桃叶就足以致人于死地。皂荚果实也有毒，它里面含有皂苷毒素。马铃薯见光转绿和发芽，里面也出现有毒的龙葵素。

另外还有一类属于菌类植物的毒蕈和多角菌，都不能吃，含有剧毒。

各种植物体内的有毒物质不仅性质不同，分布的部位也不一样。有毒植物还因植物的年龄、发育阶段、部位、季节变化、产地和栽培技术等的不同，含量有很大的变化。

能怀胎的红树

在南美洲、非洲、马来西亚、印度以及我国的广东、福建沿海的浅滩上，常常会看到生长着丛林状的红树林。在它茂密的枝条上，经常可以见到挂着的一条条木棒一样的东西。它既不是枝条又不是果实，而是红树的幼苗——小红

红　树

树。这是因为老红树结出果实后，果实还未落下来就已经开始萌芽长成了幼树，所以人们把它叫做胎生树。

小红树幼苗在母树上长到一定时候就脱离母树，借本身重量落到地面，插入污泥之中。数小时之内，它的下端就可长出侧根，将幼苗固定，上端也会抽出茎枝和绿叶，长成一株小树。如果没有扎入泥中，它还可以随海水漂流到别的地方去生长。它的幼苗体含有空气，不用担心它会下沉到水底去。

在我国，除红树外，红茄冬、角果木、秋茄树，它们也都是胎生植物。

不仅树有胎生的，草也有胎生的。如胎生早熟禾，它是中华早熟禾的一个变种，它的小穗在成熟后，在母株上就发芽成长为小苗了。我国陕西、甘肃、青海、四川等省区均有这种草。它多生在高山山坡上，每年8月开花后就生出小苗来。

珠芽蓼也有胎生性质，但与胎生早熟禾不同，它的花序是顶生穗状花序。有时在花序的上下部都可生出小“株芽”。这小株芽实际上是一种营养繁殖器官，它在母体上就可以萌发长出小苗，不久就落地生长成一个植株了。珠芽蓼为高山地带的植物，喜欢生长在山地草甸或林下湿润地区，分布很广，我国东北、内蒙古、河北、青海一带都有。

神秘果

神秘果是典型热带常绿灌木，原产地在西非、加纳、刚果一带。那些地方的热带非洲森林里，生长着一种高达4米左右的乔木，它结着一种红色的果实。果实是长椭圆形的，个体不大，长约2厘米，直径约0.8毫米，里面有一个很大的种子。果肉不多，稍带一点甜味。

20世纪60年代，周恩来总理到西非访问时，加纳共和国把神秘果作为国礼送给周总理。此后，神秘果开始在我国栽培。神秘果是一种国宝级的珍贵植物，不管是在西非各国还是我国，都受到保护，禁止出口。

这种果子外观看来平平常常，品起它的果味也毫无特色，可是，当地群众却称它为神秘果。

神秘果可以引起人的味觉变化。

你吃一点它的果肉，开始毫无奇特反应，可是过 4 小时以后，当你再吃柠檬、野生苦橙子时，就会感到你的味觉神经末梢对食物味道的反应已经发生了变化：明明柠檬是酸的，野生苦橙子是苦的，而你却感到它们是甜的了。

神秘果

经过化学分析和分离鉴定，证明神秘果中含有一种属于糖肮的物质，这种活性物质能引起人类味觉的暂时变化。

甜甜的“喜出望外”

甜，是一种人们都喜爱的味觉。糖是甜的，许多水果也有甜味，但一般没有糖甜。如西瓜的甜度约为糖 4%，梨的甜度约有糖的 12%。

还有没有比糖更甜的东西？人们会不假思索地回答：有，是糖精。糖精是用化学合成方法制成的物质，它的甜度是糖的 300～500 倍。有没有比糖精更甜的东西？有。

喜出望外

在西非热带森林里，有一种西非竹芋，它的果实竟比糖甜 9 万倍！这种果实呈红珊瑚色，外形与野葡萄相似，每穗生 40～60 个，很逗人喜爱。

奇妙的是，吃了这种高甜度的果实，不但不腻人，而且嘴里长时间都感觉有甜味，真有喜出望外的感觉呢。因此，当地群众给这种果实起了个美名，叫“喜出望外”。

“喜出望外”果实不大，长圆形，约长 1 厘米，直径约 0.8 毫米，里面有一个大种子。“喜出望外”这样高的甜度会不会对人太刺激呢？不会！人们吃起来甜度还很适宜呢。

世界上最大的种子

非洲东部印度洋中的塞舌尔群岛上有一种椰子树，名叫复椰子树，也有人叫它大实椰子树，人们都说，世界上最大的种子是它结出来的。复椰子树属于棕榈科，树高 15～30 米，树干笔直，直径约 0.4 米，叶子好像一面大扇子。

这种树得果很难，它的花从授粉结实到成熟足足需要经历 13 年才能成熟一个果子。它的种子发芽期也相当长，历时 3 年。而且发芽还要求强烈的日光，每年只能抽出一片新叶。

复椰子的果实很大，一个就有数千克重，最大的可达约 15 千克。它的形状也像椰子，外果皮是由海绵状纤维组成的。扒去这层纤维，里面是有硬壳的内核，这就是种子。种子长约 50 厘米，中央有个沟，好像合起来的两个椰子。

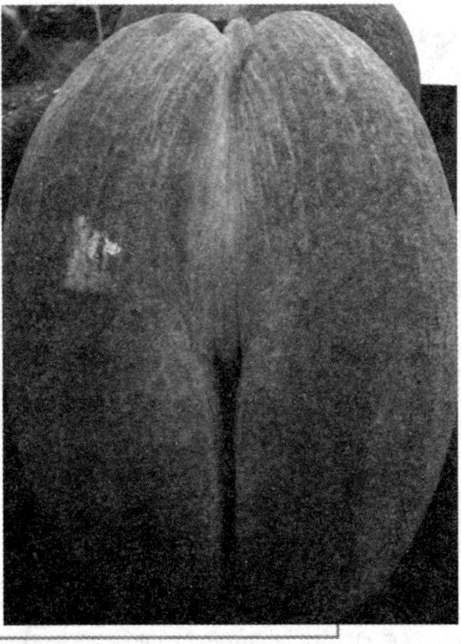

复椰子

在塞舌尔群岛上还有一种海椰子，是当地特有的品种，它只生长在普勒斯兰岛和它北面的居里耶于斯岛上。

海椰子树生长缓慢，100 年才长成。寿命很长，可活 1000 年。最高的海椰子树可达 30 米以上，树叶呈扇形，最大的叶子面积可达 90 平方米，果实要历经 7 年才能

海椰子

成熟。椰子的果实横宽 35 ~ 50 厘米，外面长有一层海绵状的纤维质外壳，剥开外壳后就是坚果。海椰子的一个果实重可达 25 千克，其中的坚果也有 15 千克，是世界上最大的坚果，因此，人们把海椰子树称为“树中之象”，而把它的坚果又称为“最重量级椰子”。

海椰子的果实呈圆球形，好像动物的心脏一样，也像合生在一起的两个椰子，所以人们又称它为双瓣椰子。

海椰子汁特别稠，几乎成胶状，味道香醇，可以酿酒。

海椰子树在塞舌尔倍受保护，在普勒斯兰岛有 3 个海椰子园都被国家划为“天然保护地”。

十二个月的花姐妹

我国的江南，是花的故乡，一年十二个月里，月月都有一种新花在开放。

一月，正处寒冬腊月，那倔强的腊梅花却压满枝头。

二月，点点梅花又开放出来，傲雪压霜。

三月，迎春花开放，向人们报告春天的信息。

四月，花王牡丹璀灿夺目。

五月，芍药纷纷绽开，千枝吐蕊。

六月，栀子花开放，万花争馨。

七月，荷花在池塘中开放，随风招展。

八月，凤仙花又开起来，喷香吐艳。

九月，桂花开放，弥放出万里芬芳。

十月，芙蓉花开放，千姿百态。

十一月，菊花竞放，披露异彩。

十二月，象牙红花又开了，怒放枝头。

这十二月的花姐妹，各有自己的开花时令。其实，在我们地球上生长着千千万万种植物，它们都在特定纬度下形成了自己的遗传特性，年复一年地准时开花。紫罗兰开在春天，玫瑰花开在夏天，菊花在秋天开放。它们既不“迟到”，又不“早退”，是谁在支配着它们呢？

是遗传特性。

现在的人们，已经能够了解植物的开花习性。可以通过一些办法，让这十二个月的花姐妹在同一个时期开出花朵。在万众欢腾的盛会上或在严寒的春节时，人们常常看到这十二月的花姐妹，五彩缤飞，争艳斗葩，济济一堂，芳香四溢，烘浓了欢乐的气氛。

为什么人类能控制花的开放呢？

要知道这个“为什么”，那就必须先明白植物为什么会开花。

科学证明，每天光照时间的长短，是决定多数一年生植物开花期的主要因素。这种由每天日照长短支配植物开花的现象，叫做光周期。

植物感受光周期反应的器官是叶子，它就像一架运转着的“雷达天线”一样，不停地捕捉来自空间的光波、感受着昼夜长短的变化。植物长到一定大小之后，叶子就可感受光周期反应，在内部发生一系列生物化学变化，制造出一种叫“开花素”的物质，也有把“开花素”叫“光敏色素”的。当这种物质移到植物的生长点时，它就能刺激植物产生花芽，最后导致开花。

那么，开花素又是什么呢？它的精确性质仍然是个谜，很多人认为它是多种生物激素配合的一种物质。

各种植物开花对光照条件要求不一样。有些需要较长的日照时间才能开花，当日照时间低于一定限度时，就不能开花，或者推迟开花的日期。这类植物称为“长日性植物”，如大麦、冬小麦、豌豆、亚麻、甜菜、菠菜等。另一类植物恰好相反，它们只有在较短的日照时间下，才能开花，这类植物叫做“短日性植物”，如烟草、大豆、水稻、玉米等。还有一类植物，如棉花、番茄、辣椒等，它们开花不受日照长短的影响，在任何日照条件下都能按期开花，被称为“中间性植物”。至于像甘蔗这样的植物，只有在大约13小时的日照下才能开花，这属于一种特殊的类型。

温度是控制植物开花的又一个重要因素。如梅花喜寒，桃花喜暖。但只要把它们分别放在人工控制温度的条件下，它们就可以提早或推迟开花。对于鲜茎类植物的花卉，只要控制温度，就能打破它的“休息”状态，促使花芽分化。

所以，通过控制温度、缩短或加长光照时间，都可以使花按人们需要的时间开放。花卉栽培技术人员也采用“制水”的办法来控制植物，使它按人们需要的时间开花。广东的花农，在长期实践中积累了一整套控制开花结果的宝贵经验。他们在农历八月间，把已经长出的花蕾和个别花朵全部摘去，然后“制水”，即在5～7日内逐渐减少浇水量，直到不浇，若看到叶片开始卷曲，叶脉出现白点（这白点就是幼小花芽），再立即浇水，在1周内每天逐渐增加浇水量，到正常量。一般从“制水”到果实成熟需140～150天。在这期间除采取一般管理措施外，还要注意经常摘除那些出现得较晚或过密的幼花、幼果，这样到春节时就可以出现百花齐放的绚丽花市了。

有花无果与有果无花

有些植物虽然枝头花果累累，可是秋天果实甚少，甚至没有果实；有的植物，人们没见到它开花，但秋天却结下了丰硕的果实。

有花无果的实例有很多，一般在下面讲的3种情况下才会出现这种现象。

雄花不结果。有的植物，枝头上或一株植物的枝条上开了花，但它是雄花，它的任务是为另一株雌树上的花授粉。授粉后，它的花冠就萎蔫了，什么也不会留下，这是开“晃”花。

第二种情况是开假花。如向日葵篮状花序外圈的假舌花，只有花瓣，没有雌雄蕊，它的任务是招诱昆虫来采蜜传粉，它的花谢下后，也不能留下果实。

多数“有花无果”的原因是，花开了，但没得到及时传粉受孕。澳大利亚刚引进苹果的时候，虽然年年开花，却不能收到一枚苹果，直到把传粉的蜜蜂运去了，才结苹果。我们平时见到的“春季花满枝，秋季无果实”的原因也是一样。果树白花结果率非常低，需要别的品种来授粉。若是果树只有一个品种，没有其他品种的果树授粉，那么多数花都不能受孕，花期一过，没有受精的花也便纷纷脱落了。正因为如此，在果园里，人们常常将几个品种的果树，有次序地栽在一起，品种多，开花时能互相授粉受精，就能结成果子了。

无花有果的典型例子是“无花果”。人们谁也没见它开过花，但却能结下果实。

然而，世界上开花而不结实的事是存在的，但无花有果的事却不存在，那是一种误会。为什么呢？这还得从花的结构谈起。

以前我们说过，典型的花由 5 个部分组成：花托、花萼、花冠、雄蕊和雌蕊。具备这 5 个部分的花叫完全花，如桃花；若是这 5 个部分不齐备，叫做不完全花，如桑树花。

一般植物的花托、花萼、花被十分眩眼耀目，可是无花果的花却恰恰相反，它偷偷躲在背人眼目的枝叶腋间，它的雌花、雄花隐藏在囊状肥大的总花托里面。总花托顶端深凹进去，把雄花、雌花都包裹起来，使人们看不到它，所以人们就误认为无花果真没有花。

无花果不仅开花，有时还会一年开 2 次。比如在春天它的叶腋间已生出花来，到秋天，叶腋间又第二次开花。第一次花结的果实当年秋天收获，但第二次花结的果在当年收不成，因为秋凉了，天冷了，它来不及成熟，要等到来年春暖花开时才能长大成熟。

无花果

还有的植物花不完全，花

体又小，花色不醒目，人们常常发现不了它，便误以为这种植物不开花也能结果实。如桑椹很好吃，但桑花却不醒目。

昙花一现

人人都知道“昙花一现”这句话，可是昙花是什么样子，它为什么开花只能一现呢？

昙花是仙人掌科植物。花是白色，从扁绿色枝边缘的凹口里开出来。一朵花约有30厘米长，花下部是一个长筒，上部才是一片片的花瓣，约有20片。筒部外面还有不少紫色长线形裂片，筒部比花瓣长约2倍。正开花时筒部下垂而翘起，里面有许多囊状的雄蕊，花柱白色。

昙花，一般都在晚上8~9点开始开花。开花的整个过程只有4~5个小时。昙花的花非常美丽，花外围是紫绛色，中间洁白如雪。花正开放时，花瓣、花蕊似乎都在轻微颤动，花朵渐渐展开，过1~2小时它又慢慢地萎谢。美丽的昙花只这么令人迷恋地一现就消失了。

昙　花

为什么昙花在晚上8~9点以后开放，而且只开那么短暂的一瞬间呢？

昙花原产于美洲南部的墨西哥一带。那里的气候又干又热，所以昙花养成了不怕干的本领；它的叶子退化成针状，能减少水分蒸发，枝子变得扁平，又带有叶绿素，可代替叶子进行光合作用。热带的傍晚，总是比白天凉快得多。特别是在沙漠里，气温的日变化更大，晚上开放就可以使它那娇嫩的花朵避开烈日、强光的酷晒。开花的时间很短，就可以大大减少水分的损失。这样，久而久之，昙花这种开花习性就一代一代地遗传了下来。

与仙人掌科这种花开一瞬的习性相反，有少数植物，花开以后就迟迟不谢。二色补血草就是这样的植物。

二色补血草属于兰雪科补血草属，是多年生的草本植物。它的叶子很特殊，从根部出一丛叶，片片都像个匙子。它的茎也比较特别，有很多分枝，光秃秃的没有叶子。开花时，花都集中在各分枝的上部，而且向一侧排列，整个植株形状好似扫帚一般。花萼像个漏斗，呈白色或粉色，像干巴巴的膜，几乎没有水分。花瓣5个，呈黄色。

二色补血草是止血活血的中草药，分布在辽宁、内蒙古、河北等地的草地、河丘、盐渍化盆地上。

各种花的开放都有自己的规律，如牵牛花早上开，中午就谢，半枝莲中午顶烈日而开，而剪秋罗在黄昏时开。昙花在晚上开放也并不奇怪。在仙人掌科中，还有好多种类如仙人球、仙人鞭等，都在晚上开花，开花的时间也短。不过它们的花不如昙花动人，而没有被人注意。

18 世纪，著名的植物学家林奈，对花开的时间做了多年的观察，后来在自己的花园里培植了一座有趣的“花钟”。

蛇床花：黎明三点钟左右开放
牵牛花：黎明四点钟左右开放
野蔷薇：黎明五点钟左右开放
龙葵花：清晨六点钟左右开放
芍药花；清晨七点钟左右开放
半支莲：上午十点钟左右开放
鹅鸟菜：中午十二点钟左右开放
万寿菊：下午三点钟左右开放
紫茉莉：下午五点钟左右开放
烟草花：下午六点钟左右开放
丝瓜花：晚上七点钟左右开放
昙花：晚上九点钟左右开放

这样，大体上看到什么花开放了，就可以知道现在是几点钟，真是花开有时。

食虫植物

很多人都听说过或看过会吃虫子的植物。世界上会吃虫子的植物，约有500多种，我国约有30多种。在中国黑龙江省就有一种会吃虫子的植物，它的名字叫“貉藻”。

貉藻属于貉藻属，是茅膏菜科中唯一的浮游水生植物。茅膏菜科是常见的食虫植物，全世界有5个属，约有110多种。貉藻茎上有节，常常是6~9个叶在节上轮生。叶片自中肋内折回去，成一个口袋样子，上面长着感应性的刚毛。叶片由内表皮、外表皮和中间层3层细胞组成。貉藻就用这种叶片捕捉虫子。小动物一触及叶子的内侧，中肋就立刻向里卷曲，叶片迅速闭合。中肋四周的消化腺随即分泌消化酶，将捕获物的蛋白质分解吸收。然后叶片又张开，等待着下一个自投罗网的食物。

这些植物为什么会吃虫子呢?

原来，这些植物多生长在缺乏氮素和其他矿质养料的土壤或沼泽中，根系不发达，为了适应恶劣的环境，获得氮素养料来保存自己的生命，在长期的自然选择和遗传变异中，它们的叶子逐渐变化，演绎形成各种奇妙的捕虫器。它们靠捕捉的活物来供给自己氮素。

食虫植物用各种各样的巧妙的方法，诱捕昆虫，补充自己所缺的营养。它们捕虫主要有3种方式：陷阱式、机关式和粘捕式。

猪笼草属于陷阱式，捕蝇草属于机关式，毛毡苔则是粘捕式的典型。

这些变态的叶子形状不一，如捕蝇草的叶片变成肉质的，以中肋为界，两侧约成80°的角展开，好像一个张开的贝壳似的。在叶片内侧靠近中央的地方生长着感觉毛，小动物一触动它们，叶片就迅速闭合，其速度极快。叶片中部的中肋两侧，分布着很多的消化腺，会立刻开始消化捕来的活物。狸藻叶轮生，羽状复叶，分裂为无数丝状的裂片，裂片基部有一小囊，这是捕虫囊，囊口还有膜瓣，虫子一旦进入就休想再出来。瓶子草科的叶子形成一个筒，筒的底部内壁生着倒刺，密麻麻地刺尖向下，小虫子掉下去也无法再爬上来。

最高级的捕虫器，要算猪笼草。它的叶子，基部宽而扁平，中部变成卷须，叶片尖端膨大，成为一个罐子，这就是捕虫的工具。猪笼草的捕虫袋有各种各样的美丽色彩，形状也有差异。有圆筒状的、卵状的、长倒卵状或漏斗状的，也有的上面像漏斗形，下面是壶形。捕虫袋上部的叶子弯曲，像是罐子上半开着的盖，它的作用是引诱昆虫和防止雨水进入罐中。捕虫袋下面还有一个出水口，可以防止袋内积水过多，掉入袋内的小动物再浮到水面上逃走。捕虫袋上口边缘非常光滑，分泌蜜液，被蜜液引诱来的昆虫落到边缘上，一下子就滑到袋底。罐底的分泌腺，那可是残酷的杀生武器。

猪笼草

吃了会发疯的“疯草”

几十年前，在新西兰发生过一件奇怪的事情。

有一年一个农民在牧场上种满了豆科的牧草与禾本科牧草，谁知那一年风雨不调，牧草长得又矮又小，有的草匍匐在地上，有的草甚至枯萎发黄了。

农民在这片倒霉的草地上徘徊着、叹息着。突然他眼前一亮，因为在那一片凋萎的牧场上竟然出现了一块绿色的小岛。这儿的草长得那么诱人，株株牧草都枝挺叶秀地在阳光下傲然生长着。

这是怎么一回事，秘密在哪里？经过考察，后来终于揭开了这个谜，创造这个奇迹的原来是那个“岛屿”旁边的一个铝矿场的工人们的鞋底。铝矿场许多工人常常抄近路打那儿经过，因为这样可以径直进入矿场的大门。工人们的鞋底上粘着许多铝矿粉，所以在他们踩过的地方，绿茵茵的牧草就茂盛地长起来了。

除了铝以外，锌、锰、硼、硒、铁等也都曾在植物生长中创造过奇迹。譬如泥炭土的土地上庄稼常常长得不好，后来人们向土壤里施进了一些炼铜厂的矿渣，结果庄稼产量竟提高了1倍！原来铜原子是植物细胞内氧化还原过程中必不可缺的催化剂。

紫云英

植物缺铁很快就会失去绿色，植株苍白，患了“缺绿病”。

植物要是缺硼，那就更糟了。土壤里缺少硼，向日葵就会停止生长，甚至死亡。甜菜要是缺硼，会得干腐病。黑龙江省前几年出现的小麦花而不实的疾病，也是由于缺硼引起的。

植物发育需要很多元素，上面提到的铝、锌、铁、锰、铜、硼等元素，植物对它们的用量很少，只占1/10万，甚至1/100万，所以把它们叫微量元素，它们用量虽小，作用却很大。

植物中含有的微量元素非常多，有60多种。它们多数都对作物本身和对人畜都有益，但也不完全如此。有一个小故事可以帮助说明这个问题。

澳大利亚牧场上，长满了绿色牧草，成群的牲畜都在这里放牧。但是不知为什么有些动物竟发起狂来，它们四处狂奔，乱踢乱咬。显然，这些牲畜疯了。

是什么原因使它们癫狂了呢？经过一番诊断终于查清，原来是硒在此作祟。在这块牧草中紫云英草较多，它们从土壤中吸入了硒，并在植株体内逐日累积。硒太多对动物有害，所以动物吃了它就癫狂起来。由于动物吃紫云英会发疯，所以牧童们把紫云英叫做“疯草”。

瓶子树

世界上有一种树，叫做瓶子树，这是一种大乔木，树干上下两头细，中间膨大，树身真像个萝卜。粗大的腰，直径可达 5 米。树顶上分生出少数长叶子的枝条，花开呈红色，叶子像心状。遥遥望去，倒真像一个花瓶中插了几枝花儿一样。也许就因为这个原因，人们也叫它瓶子树。

瓶子树

瓶子树又称纺锤树、佛肚树，树干不仅外表像瓶子，其功能也很像瓶子。这种树生长在热带干旱地带，它就用树干蓄水。据说大的树干直径可达 3 米 ，里面可装几吨水。

瓶子树原产于南美洲的巴西。巴西的南部和东部的冬季长期干旱，瓶子树就生长在这里。旱季来临时，树木都纷纷落叶，到了雨季，再长出新叶子。瓶子树会用巧妙的办法度过旱季，它可在树干中储存大量水分。雨季中努力贮水，待旱季到来时，它可以慢慢饮用它的“贮水库”中的积水。这样一年年，一代代，就使树干变了形，粗大的树身变得像一个储水桶了。

猴面包树

非洲干旱的热带草原上，生长着一种形状奇特的大树，它的名字叫波巴布树。由于猴子和阿拉伯狗面狒狒都喜欢吃它的果实，所以人们又称它为“猴面包树”。

猴面包树属木棉种植物，树干高不过 20 米左右，而胸径却可达 15 米以上，往往要十几个成年人拉手才能合抱。树冠直径可达 50 米以上。由于它看上去活像个大胖子，因此当地居民又称它为“大胖子树”、“树中之象”。

猴面包树的长相非常奇特，对此还有一个古老的传说：当波巴布树在非洲“安家落户”时，它不听“上帝”的安排，却自己选择了热带草原，因而激怒了“上帝”，便把它连根拔了起来，从此波巴布树就倒立在地上，变成了一种奇特的“倒栽树”。直到今天，它仍稀疏地分布在非洲的热带草原上，成为那里的特有风景。

热带草原气候终年炎热，有明显的干湿季节，干季时降雨很少。猴面包树为了能够顺利度过旱季，在雨季时，就拼命地吸收水分，贮藏在肥大的树干里。它的木质部像多孔的海绵，里面含有大量的水分，在干旱时，便成了人们的理想的水源。它曾为很多在热带草原上旅行的人们提供了救命之水，解救了因干渴而生命垂危的旅行者，因此又被称为“生命之树”。

猴面包树的果实为长椭圆形，灰白色，长 30 ~ 35 厘米，纵切面约 15 ~ 17 厘米。果肉多汁，含有有机酸和胶质，吃起来略带酸味。既可生吃，又可制作清凉饮料和调味品。在果肉里包裹有很多种子，种子含油量高达 15%，榨出的油为淡黄色，是上等食用油。种子还可与杂粮混合食用。

在雨季，猴面包树在枝条上长出 3 ~ 7 片小叶组成的掌状复叶。叶片中含有丰富的维生素和钙质，是当地居民喜爱吃的蔬菜。嫩叶可做汤，味道极佳；叶片晒干捣碎后，可以做调料。果实、叶片和树皮可入药，当地居民常用来医治疟疾。树皮里还含有丰富的纤维素，可以制作绳子和乐器的弦，也可作为造纸原料，很早以前人们还用它来制作粗布。

猴面包树

猴面包树的木质又轻又软，完全没有木材利用价值。但有趣的是，当地居民常把树干的中间掏空，搬进去居住，形成一种非常别致的大自然“村舍”。也有的居民将掏空的树干作为畜栏或贮水室、储藏室。令人感到奇怪的是，在猴面包树洞里贮存食物，可以放置很长时间而不腐烂、变质。

猴面包树还是有名的长寿树，即使在热带草原那种干旱的恶劣环境中，其寿命仍可达5000年左右。据有关资料记载，18世纪，法国著名的植物学家阿当松在非洲见到一些猴面包树，其中最老的一棵已活了5500年。由于当地民间传说猴面包树是“圣树”，因此受到人们的保护。

光棍树

光棍树属大戟科灌木，高可达4～9米，原产东非和南非的热带沙漠地区。它的叶是一种变态叶，树上一年到头只是一些光滴的枝杈，不长叶子。因它的枝条碧绿，光滑，有光泽，所以人们又称它为绿玉树或绿珊瑚。

这种树的故乡在非洲的干旱地区，那里常年干旱，雨水很少，非常缺水，为了保水抗旱，它们的叶子就逐渐变小，甚至慢慢地消失了。这样，可以减少体内的水分蒸发，大大节省用水。为了制造有机质而生存下去，它的树枝就变成了绿色，以代替叶子进行光合作用。可见，光棍树的这种有趣特点，是为了适应严酷的自然条件和生存环境，而逐渐形成的特殊抗旱本领。更为巧妙的是，它枯木般的样子对一些食叶动物毫无吸引力，还减少了被动物吃掉的机会。

光棍树的白色乳汁有剧毒，观赏或栽培时需特别小心，千万不能让乳汁进入人的眼、耳、口、鼻或伤口中。绿玉树汁液有促进肿瘤生长的作用，通过促使人体淋巴细胞染色体重排而致癌；刺激皮肤可致红肿，不慎入眼可致暂时失明。但这种有毒的乳汁却能抵抗病毒和害虫

光棍树

的侵袭，从而起到保护树体的作用。另据实验表明，光棍树乳汁中碳氢化合物的含量很高，可以制取石油，是一种很有希望的石油植物。

用南瓜抓猴子

南瓜是我们的一种常用食品，但是南瓜的营养价值很高，它的制品也有着很多的药用用途。

南瓜粉是一种高纤维食物，口服能增加体内胰岛素的释放，能减少或延缓肠道对葡萄糖的吸收，因而具有一定的降低血糖的作用。即使健康人也可从纤维中获益。它还具有减肥、降血脂、消除乏力的作用，对肝炎、肝硬化、肾病有一定疗效。南瓜子富含瓜氨酸，驱虫作用好，且无毒副作用。

在世界各地，南瓜除了食用以外，还有许许多多奇妙的用途。

南 瓜

在中亚生长着一种瓶状南瓜。很早以前，就有人用南瓜制作成各种各样的器皿。他们在南瓜的顶端挖开形状各异的小口作为“瓶口”，将其内瓤挖空，外面套上一只特殊编织的网兜，作为旅行时用的“水瓶”，或者制成水勺、水桶、水坛等，光洁度可与陶器相媲美，又十分轻巧。

乌兹别克人喜欢把最小的南瓜做成鼻烟壶，在上面刻些花纹，简直成了一件别致的工艺品。北美洲一带还有人把南瓜制作成鸟笼。南美洲的南瓜大多呈瓶罐状，当地居民把瓜瓤掏空后，用来储存粮食或牛奶。澳大利亚人则把老南瓜锯开挖空，当作帽子使用。

非洲出产的一种南瓜，成熟后外皮坚硬如木质一般。人们取出里面的瓜瓤后，精心雕制成鼓、竖琴等乐器。有的人把衣物贮藏在空南瓜里，以防受潮。旅行的人们还把大南瓜挖空后，相互串联在一起，当作小划船摆渡，更是别开生面。

更有趣的是，在印度森林里，人们用南瓜作为诱捕猴子的猎具。他们先在大南瓜上挖个小洞，取出瓜瓤，里面放一些猴子喜欢吃的硬果，然后丢到大树下，让树上好奇的猴子看到它们。人刚一离去，猴子就飞快地从树上奔下来，急匆匆地把爪子伸到南瓜的空洞里。贪吃的猴子抓满硬果的拳头，不能再从小洞中退缩出来，只好拖着大南瓜一跛一拐地逃跑，而被躲藏在附近的猎人毫不费力地活活擒获。

石头上长的草——九死还魂草

传说在昆仑山上，有一个金光闪闪的天池，那是王母娘娘洗澡的地方。在天池岸上，生长着一种仙草，这种仙草能起死回生。有一年民间大旱，瘟疫流行，成千上万的百姓死亡。住在天池中的龙女，看到人间遭受灾难，十分同情，把天池岸上的仙草偷偷带到人间为人民治病，普救众生，成千上万死去的百姓竟然起死回生。龙王知道此事，大发雷霆，一怒之下、把龙女打下人间。龙女到人间后，心甘情愿变成还魂草，普救众生。

九死还魂草是一种多年生的草本蕨类植物，学名叫卷柏，高 5 ~ 15 厘米。它的茎深咖啡中带有黑色，又短又粗，有一丛绿色小枝从茎的顶端长出。它的叶子很小，模样和柏树的鳞片小叶差不多，只有芝麻般大，它们分成 4 排，密密层层地裹满小枝的四周。

九死还魂草有一套特殊的抗旱本领，它可以在非常恶劣的环境中生存。平时我们常见的植物，大多数喜欢生长在水分充足、土壤肥沃的地方，而且当它们缺水枯死之后再也不会复活。但九死还魂草却例外，它可以在光秃秃的岩石上生长。遇到天气干旱时，它那扁平的小枝很快蜷缩成一团，变成枯黄色，几乎和完全死去的枯草一模一样。但实际上它并没有真正死去，只不过是用这种方法尽量保存身体内部的水分，这时如果碰到下雨天，它的枝叶马上又会展开，颜色也由黄变绿，仿佛真的从死亡中还魂复活了，所以就给它取了这样一个名字。

九死还魂草

还魂草的含水量降低到5%以下，几乎已成“干草”了，却仍然可以保持生命。曾有过这样的事，有位生物学家把这种植物全株做成干制标本，放在植物分类标本橱中。11年后，这株干草无意中落到了水池中，待第二天被人发现时，人们惊奇地看到，它竟“还魂”复活了，舒展开全部枝叶，又变得生机勃勃了。

九死还魂草这种非凡的“还魂”本领，奥秘全在于它的细胞的“随机应变”。当干旱来临时，它的全身细胞都处在休眠状态之中，新陈代谢几乎全部停顿，像死去一样，得到水分后，全身细胞才会重新恢复正常生理活动。

说起来，九死还魂草的这种本领也是被环境逼迫出来的。它生长在向阳的山坡或岩石缝中，那里土壤贫瘠，蓄水能力很差，它的生长水源几乎全靠天上落下的雨水，为了能在久旱不雨的情况下生存下来，它被迫练出了这身“本领”。

在南美洲也有九死还魂草的同类，只是那里的同类本领更大，不但可在原地假死，伺水还魂，而且还会主动离开生长地，去寻找有水的新家。在干旱季节来到，当水分不充足的时候，那里的九死还魂草会自己从土壤中挣脱出来，然后全身卷成一个圆球。由于体轻，只要稍有一点儿风，风吹草动，草球就会随风飘滚前进，如遇上多水的地方，草球就会展开成原状，在土壤中扎下根来。自然，当水分缺少，它在新家待得不如意时，就会再次继续游走去寻找充足的水源。

九死还魂草在我国分布甚广，它既可观赏，还可药用，是难觅的神仙草药。

还魂草作为室内微型盆景，四季常绿，形如高山劲松，具有极高的观赏价值。如把它栽培在盆里，就是一棵很好的万年松盆景！用于假山、大型盆景栽培点缀，可以大大提高观赏价值。

还魂草全草有止血、收敛的效能，有消炎止血作用，是外伤出血的神奇中草药。常用来治咳血、吐血、便血、脱肛、月经过多、子宫出血、闭经、风湿痛、跌打损伤、外伤出血、感冒、衄血、血崩等疾病。民间将它全株烧成灰，内服可治疗各种出血症，有强阴益精的作用。和菜油拌起来外用，可治疗各种刀伤。用卷柏干粉敷在婴儿脐肚上消炎止血，效果很好。据说，它还是一味美容药，用卷柏干粉和鸡蛋清调和敷于面部，能使面部光洁秀丽。

空中垂下来的根——榕树

榕树为桑科榕属乔木，原产于热带亚洲。榕树以树形奇特，枝叶繁茂，树冠巨大而著称。枝条上生长的气生根，向下伸入土壤形成新的树干称之为“支柱根”。榕树高达30米，可向四面无限伸展。其支柱根和枝干交织在一起，形似稠密的丛林，因此被称之为“独木成林”。

大榕树的中心是粗大的树干，其他那些看起来好像树干的东西，却是它的气根。气根不是从土里向上长，而是倒过来，从树枝上向下垂。起初是悬在空中，从潮湿的空气中吸收水分，慢慢地向下延伸，又扎进土壤里。这就像一根根柱子，撑住老树庞大的树冠。所以，这种根又叫作“支柱根”。当然，支柱根也能从土壤中吸收水分和无机盐。

榕 树

在新会市会城南部的天马河中，“漂浮”着一座绿色的小岛，这就是著名的“小鸟天堂”。岛上的一棵巨榕，独木成林，榕高15米，树冠投影面积达1万多平方米，枝杈交织，浓荫蔽日，引来成千上万的各种飞鸟栖息其间，当中多为鹭鸟，池鹭和白鹭，晨出暮归，夜鹭则暮出晨归。榕岛上空，晨昏万鸟翱翔，蔚为壮观。当晨曦初露或夕阳西下之时，许多中外游客前来尽享观鸟奇趣。

小岛原名“雀墩”，又名“罗星墩”，原是河沙冲积成的一个小泥墩。相传在明代景泰年间（1450～1456年），这里连年灾荒。为求解灾，村民用船载泥沉落河中，叠土成堆，拦截河水，后来逐渐冲积成洲。当时有个农民在土堆上插了一根榕树枝系船，第二年，榕树枝长根、发芽，逐渐生长成林，经历数百年，演变为现今的榕树岛。原来的母树已无从辩认，唯有枝干无数，径粗在40～80厘米之间，近观似原始森林，远望像浮在水面的绿洲。

1933年，著名作家巴金来此游览，曾写下《鸟的天堂》一文。建国后，这里成为新会市新八景之一，并辟为风景旅游区，兴建了观鸟台，茶厅，水榭，休息亭，设置了游艇供游客赏树观鸟。1984年6月，新会县约巴金亲笔题写“小鸟天堂”四字。

鸟的天堂

榕树多生长在热带和亚热带地区，我国的广东、云南、福建、台湾和浙江南部都生长榕树，只是有些榕树的气根只悬在空中，并不扎进土壤。福建省的福州市因为榕树很多，还得了一个雅致的别名：榕城。

植物中的懒汉

在大自然里，绿色植物不吃什么现成的食物，它们生长发育所需要的养料，全靠自己来制造。

好多绿色植物都是把根扎在土壤里，从土壤中吸取水分和无机盐，从空气中吸收二氧化碳，再通过光合作用，制造出有机物，才能使植物的枝叶繁茂，开花结果，一天一天地茁壮成长起来。

但是，在默默无闻的植物当中，居然也有“懒汉”。它们跟人类中的懒汉一样，游手好闲，专靠别人生活。它们寄生在别的植物上，从寄主植物身上吸取养分，养肥自己。

菟丝子就是这样一个“懒汉”典型。

菟丝子的长相很奇特：由于长期的寄生生活，它的叶子退化成鳞片状，茎细弱发黄色，分枝特多，在这许多分枝上到处长着吸器，夏天开白色小花。

菟丝子小的时候也长在地上。种子萌发以后，长出根伸入土壤，向上长出细茎。因为鳞叶不含叶绿素，没有制造养料的能力，它必须寄生在其他植物上，摄取养料维持生命。如果在它周围是空旷的土地，没有可以依靠的植物，过几天它就枯死了；如果运气好，在细茎生长的地方正好碰上大豆一类的植物，那么，它就毫不客气地缠绕到大豆的植物体上面，用浑身的吸器紧紧地吸住大豆的茎，从寄主吸取养分，开始了它的“饭来张口”的生活，完全依赖大豆过活。这时候，菟丝子的根失去了作用，也就慢慢枯死了。

大豆的根从土壤里吸进来的水和无机盐，叶子进行光合作用制造的养料，渐渐被菟丝子的吸器无情地吸走，眼看大豆的叶子萎蔫了，茎软弱无力，生命危在旦夕。

苑丝子还有这样的“本领”，当被缠住的大豆营养供给不足的时候，它又会去缠绕另外一棵健壮的大豆，随后分枝多的细茎就转移过去，继续过它的寄生生活，严重地危害豆类植物的生长发育。

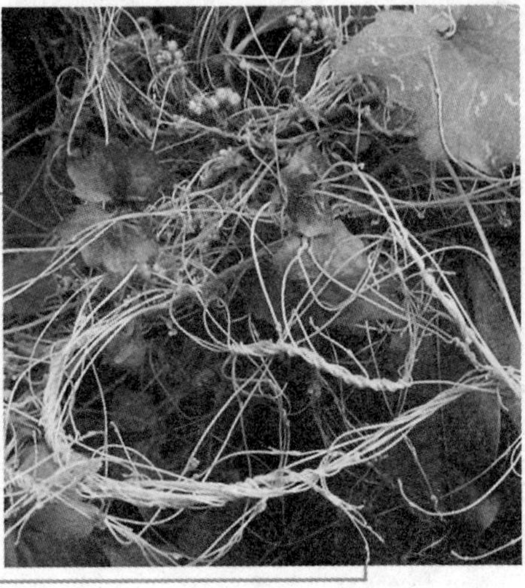

菟丝子

槲寄生也是植物中的“懒汉”。秋天，当你漫步在郊外的时候，往往会意外地发现“树上长树”的现象。在槲、榆、梨、桦高高的树梢上藏着另一种叶色青青的植物，这种植物就是槲寄生。它没有丝状的蔓，不会向上爬，却好端端地长在大树上，即使是冰天雪地也依然穿着它那绿色漂亮的“外衣”

既然它没有爬树的本领，怎么能上大树呢？有些人说它是坐“飞机”上去的。原来，槲寄生的果实肉味鲜美，一些鸟儿非常爱吃，但是果肉又富有黏性，啄食以后果实粘在鸟嘴上，往往不得不把嘴在树皮上擦来擦去，结果就把种子“种”在树皮缝间了。有时候果实被鸟儿吞咽到肚子里，种子随鸟粪一起排泄出来，也有落在树上的可能。

槲寄生的种子发芽的时候，幼根的尖端有吸器，吸在寄主树皮的表面，根往下钻，吸取寄主体内的水分和养料。

槲寄生还长有叶子，也能进行光合作用，它不像菟丝子那样完全依赖寄主。植物学家根据这两种“懒汉”不同的生活方式，把菟丝子叫做全寄生植物，把槲寄生叫做半寄生植物。

奇异的马尾藻海

世界上的海大多是大洋的边缘部分，都与大陆或其他陆地毗连。然而，北大西洋中部的马尾藻海却是一个“洋中之海”，它的西边与北美大陆隔着宽阔的海域，其他三面都是广阔的洋面。所以它是世界上唯一没有海岸的海，因此也没有明确的海区划分界线。马尾藻海的位置大致介于北纬20°~

35°、西经 30° ~75°之间，面积约有几百万平方千米，由墨西哥暖流、北赤道暖流和加那利寒流围绕而成。

马尾藻海远离江河河口，浮游生物很少，海水碧青湛蓝，透明度深达 66.5 米，个别海区可达 72 米。因此，马尾藻海又是世界上公认的海水透明度最高的海。

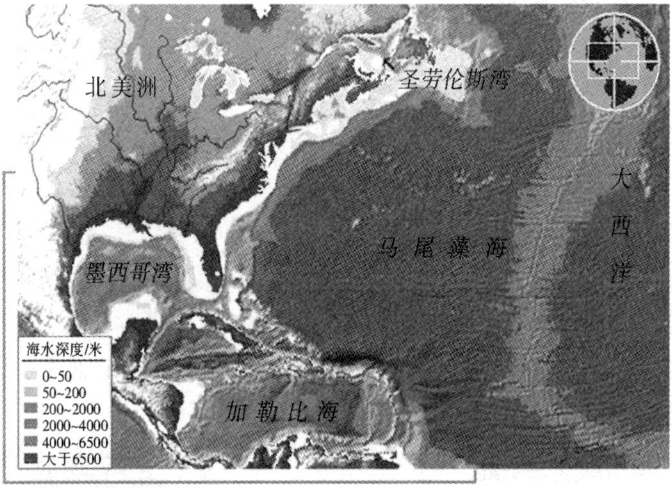

马尾藻海

马尾藻海又称萨加索（葡语葡萄果的意思）海。在马尾藻海的海面上，布满了绿色的无根水草，这就是最大型的藻类——马尾藻。在海风和洋流的带动下，漂浮着的马尾藻犹如一条巨大的橄榄色地毯，一直向远处伸展，仿佛是一派草原风光。除此之外，这里还是一个终年无风区。在蒸汽机发明以前，船只只得凭风而行。那个时候如果有船只冒然闯入这片海区，就会因缺乏航行动力而被活活困死，所以一向被看作是一个可怕的“魔海”。

1492 年 8 月 3 日早晨，意大利航海家哥伦布率领的一支船队探险经过大西洋时，就在那里被马尾藻包围了。他们在马尾藻海上航行了整整 3 个星期，才摆脱了危险。

在航海家们眼中，马尾藻海是海上荒漠和船只坟墓。在这片空旷而死寂的海域，几乎捕捞不到任何可以食用的鱼类，海龟和偶尔出现的鲸鱼似乎是唯一的生命，此外就是那些单细胞的水藻。在众口流传的故事中，马尾藻海被形容为一个巨大的陷阱，经过的船只会被带有魔力的海藻捕获，陷在海藻群中不得而出，最终只剩下水手的累累白骨和船只的残骸。而百慕大三角作为这一海域上最著名的神秘地带，则将这些传说推向了极致。

绿色变红色的叶子——枫叶

秋天的时候，枫叶为什么会变红？

原来枫树、黄栌、火炬等树的叶子中除了含有大量的叶绿素、叶黄素、胡萝卜素外，还含有一种其他植物少有的红色的花青素这种特殊的物质。说它特殊，一是因为它有“反潮流精神”。大家知道秋天到来之后，随着气温的降低、空气湿度的减少、光照的减弱，植物中的叶绿素、叶黄素、胡萝卜素的含量逐渐减少，而花青素却迅速增多。二是花青素具有遇酸变红，遇碱不变的特性。据测定，枫树等少数植物，叶子中的细胞液是酸性的，故而枫叶会随着秋天的降临、花青素的增多而由绿逐渐变红。

而对于大多数植物而言，由于所含的花青素很少，或者花青素含量虽多，但细胞是碱性的，故而均不会变红了。

平时，因为叶绿素特别多，别的颜色都显露不出来。到了秋天，气温逐渐降低，光照减少，对花青素的形成十分有利，枫树等红叶树种的叶片细胞液此时呈酸性，整个叶片便呈现红色。古人有“西山红叶好，霜重色愈浓”的诗句，真是秋天的气象条件染红了它。

枫 叶

由此看来，枫叶等少数植物的

叶子秋天变红的内因是花青素与酸性细液发生化学反应，外因则是入秋后天气转寒，促进了花青大量增多，即气象条件发生变化造成的。

最毒的蘑菇

毒蝇伞又叫蛤蟆菌，是一种很毒的毒蘑菇。它的顶盖带有特殊的鲜红和橘黄色，表面又黏又湿，长着许多黄白色的肉瘤，样子十分怕人。毒蝇伞的柄一般有铅笔那么长，笔直向上撑住伞盖，而且在柄中间还生出一圈又厚又大的“围裙”，与普通的蘑菇不同。

毒蝇伞喜欢在松树林和杉木林中生长，一出现就是一大群，采蘑菇时要注意，千万不能将它们采来吃。如果不当心吃了毒蝇伞，15 分钟后将会浑身发抖，精神错乱，然后还会身不由己地跳起舞来。这时侯在中毒人的眼睛中，常常产生一幅幅可怕的景象，他们所看到的东西都会变得很大很大，周围的普通人就像一个个顶天立地的庞然大物，胆子再大的人也会吓得半死，这时如果不及时抢救治疗，他们便会中毒死去。

毒蝇伞

全世界的毒蘑菇一共有 150 多种，其中最毒的一种叫毒伞，中毒以后没有药可以医治，只有死路一条。有些毒蘑菇还会使人精神失常，产生各种各样奇怪的幻觉。譬如吃了一种叫“小美牛肝菌”毒蘑菇的人，总感到周围都是些身高不超过 33 厘米的小人，而且看到这些小人穿红戴绿，舞刀弄枪，一会儿出现，一会儿消失，最后陷入到极度的恐惧之中。还有一种叫“褐鳞灰伞”的毒蘑菇，吃了以后会在眼前出现一群奇形怪状的妖精，扭动着又细又长的身子，样子狰狞可怕极了。毒蘑菇甚至还能使人忘记时间，产生天旋地转、身陷火海等荒唐离奇的现象。

毒蘑菇每年要毒死许多人。区别有毒和无毒蘑菇特征有 3 点：①毒蘑菇的外表常常怪模怪样，颜色都很鲜艳，而且在伞盖上有又湿又滑的黏液。②凡是兔子之类小动物爱吃的蘑菇，一般都没有毒。③在烧煮时，能使银调羹变黑的、能使牛乳凝结的、能使葱变成青色或咖啡色的蘑菇都有毒。

最长寿的种子

植物种子里的老寿星，最著名的就是“古莲子”了。

1952 年，我国科学家在辽宁省新金县泡子屯村地下的泥炭里，发掘到一些古代的莲子。这些莲子的外皮已经变得十分坚硬，好像一个个小铁蛋。科学家们如获至宝，小心翼翼地把这些“宝贝蛋儿”包好，带回北京仔细研究。他们用锉刀轻轻地把古莲子外面的硬壳锉破，然后泡在水里。没过多久，这些古莲子居然长出了嫩芽，发芽率达到 90% 以上。在香山脚下的北京植物园里，1953 年种的古莲子，经过精心照料，在 1955 年夏天开出了淡红色的荷花。

1975 年，科学家们采用放射性岩测定，这些古莲子的寿命长达 835 ~ 1095 年。

1973 年，我国考古学家又在河南省郑州大河村的仰韶文化遗址，发现了 2 枚古莲子，寿命更长，有 5000 年的历史了，它可以说是世界上最长寿的古莲子了。

关于种子的寿命问题，在国际科学界还引起过一场辩论呢。争论的焦点是在埃及金字塔中发现的小麦种子。过去曾经传说，金字塔里发现了休眠 2000 年的小麦种子，播种之后依然发芽生长。一些科学家认为这是世界上最长寿的种子，

古莲子

而另一些科学家却不同意这种看法。经过后来的仔细调查研究，才弄清这是一个奸商搞的骗局。现在，国际科学界一致公认，在中国发现的古莲子才是最长寿的种子。

植物种子的寿命是长短不一的，一般来说，能够保持15年以上生命力的，已经算是长寿的种子了。除了古莲子以外，世界上寿命最长的种子也没有超过200年的。

古莲子的寿命为什么会这样长呢？

你别以为种子待在那儿一动不动，都是“死”的。其实呀，种子在离开母体以后，就有独立的生活能力了。在种子里，有堆满营养物质的仓库。种子，能够忍受严寒与酷热，它里面的细胞，一直在顽强地活着，不停地进行呼吸。影响种子寿命长短的另一个原因，是它成熟前后和贮藏期间的环境条件。例如在干燥、低温和密闭的贮藏条件下，种子里胚的活动力特别低，新陈代谢差不多处于停顿状态，过着休眠的生活。这样一来，许多植物的种子在理想的贮藏条件下，就能在较长的岁月里保持着潜在的生命。

莲子的条件就更好了。它是一种小小的坚实果实，种子外面的果皮是一层坚韧的硬壳，它的果皮组织中有一种特殊的栅状细胞，胞壁由纤维素组成，果皮完全不透水，所以挖掘出来的时候，含水量只有12%。这就是它长寿的秘密。

在自然界里，古莲子还不算是最长寿的种子。我国科学家在辽宁岫岩县大房身乡的黄土层里，发现了将近400粒狗尾草的种子，经同位素测定，这些种子的埋藏年代已经有1万年以上了。狗尾草出现于地球的白垩纪时代，是恐龙的“邻居”，至今还在大自然中茂盛地生长着。更惊奇地是，那些古代的狗尾草种子已经发芽、开花而且还结了籽。这一发现，为古代植物、古代地理和古代气

千年古莲

候环境的研究，提供了新的资料。

跟这些长寿的种子相比，有些植物种子的寿命又短得可怜。

大多数热带和亚热带的植物，像可可的种子，从母体中取出35小时以后，就失去了发芽能力。甘蔗、金鸡纳树和一些野生谷物的种子，最多只能活上几天或几个星期；橡树、胡桃、栗子、白杨和其他一些温带植物种子的生命力，都不能保持很久。

这些植物种子的寿命为什么这样短呢？

早在很久以前，科学家们就对这个问题发生了兴趣，但这是一个极其复杂的问题，直到现在，学者们也没有取得一致的意见。

有的科学家认为，有些植物种子容易死亡，是由于脱水干燥的原因。经过实验，某些柳树种子如果暴露在空中，在1个星期内就完全丧失了生命力。但放在冰箱里，在相对湿度只有13%的干燥大气中，它们至少能活360年。所以，有些科学家不同意这样的说法。

还有的学者认为，生长在热带或亚热带的植物种子，它们的寿命所以这样短，是因为热带的雨水充足，再加上天气热，种子的新陈代谢旺盛，种子里贮存的一点儿养分，很快就被消耗完了，由于没有充足的养分，也就维持不了种子的生命活动，从而失去了生命力。

另外一些科学家认为，在寿命短的种子中，有的含有大量脂肪，像可可、核桃、油茶什么的，由于新陈代谢的关系，脂肪转化的过程中可能会产生一种有毒物质，会把种子里的胚杀死，或者使种子变质。像花生、核桃放久了，有一股哈喇味儿，就是这个原因。

也有一些人认为，有的植物种子寿命短，是因为种子胚部细胞里的蛋白质分子失去活动能力，以致完全凝固而不能转化。另一部分人认为，由于种子内部的酶失去作用，不能分解复杂物质，胚得不到养分，种子也就失去生命力了。

近年来，越来越多的科学家认为，这些种子所以寿命短，主要是由于种子胚部细胞核的生理机能逐渐衰退造成的，但具体原因还不清楚。随着生物科学的不断进步，种子的寿命之谜一定会水落石出。

奇妙的含羞草

含羞草是一种豆科草本植物。它白天张开那羽毛一样的叶子，等到晚上就会自动合上。有趣的是，白天的时候，如果你轻轻碰它一下，它的叶子就会像害了羞一样，悄悄合拢起来。你碰得轻，它动得慢，一部分叶子合起来；你碰得重，它动得快，在不到 10 秒钟的时间里，所有的叶子都会合拢起来，而且叶柄也跟着下垂，就像一个羞羞答答的少女，所以人们管它叫“含羞草”。

含羞草的老家在巴西，那里经常有暴风雨。含羞草的枝干长得非常柔弱，为了适应这种不良环境，它在自然选择中培养了保护自己的本领。每当在风雨到来之前，就把叶子收拢起来，叶柄低垂，这样一来，就不怕暴风雨的摧残了。

有趣的是，含羞草还是相当灵敏的“晴雨计”。人们利用它的这种怪脾气和本能，预测未来的晴雨。

“含羞草害‘羞’，天将阴雨。”这句谚语告诉我们，如果含羞草的叶片自然下垂、合拢，或半开半闭、舒展无力，出现“害羞”现象，就预兆着将有阴雨天气。

在正常天气里，含羞草一般不会自己“害羞”，即使有人碰它的叶片，叶片也会很快地再次张开，恢复原状。这是晴天的征兆。

当天气发生变化，含羞草本身对湿度反应很灵敏，加上小昆虫因为空气湿度大，只能贴近地面低飞，容易碰到含羞草的叶子上，含羞草也会作出反应。这时候，用手指去碰它的叶片，叶片也会回拢，但恢复原状相当慢，反应迟钝，这预兆着在一两天以内，天气将转阴有雨。

含羞草为什么会动呢？

大多数植物学家认为，这全靠它叶子的“膨压作用”。在含羞草叶柄的基部，有一个“水鼓鼓”的薄壁细胞组织，名叫叶枕，里面充满了水分。当你用手触动含羞草，它的叶子一振动，叶枕下部细胞里的水分，就立即向上或两侧流去。这样一来，叶枕下部就像泄了气的皮球一样瘪了下去，上部就像打足了气的皮球一样鼓了起来，叶柄也就下垂、合拢了。在含羞草的叶子受到刺激合拢的同时，会产生一种生物电，把刺激信息很快扩散给其他叶子，其他叶子也就跟着合拢起来。过了一会儿，当这次刺激消失以后，叶枕下部又逐渐充满水分，叶子就会重新张开，恢复了原来的样子。

含羞草

但也有的科学家认为，含羞草所以会运动，是跟光敏素的作用有关。

含羞草是一种奇妙的植物，它的身上还有不少奥秘没有被揭开。

会“流血”的植物

人有血液，动物有血液，难道植物也有血液吗？有的。在世界上许多地方，都发现了洒“鲜血”和流“血”的树。

我国南方山林的灌木丛中，生长着一种常绿的藤状植物——鸡血藤，总是攀缘缠绕在其他树木上。每到夏季，便开出玫瑰色的美丽花朵。当人们用刀子把藤条割断时，就会发现，流出的液汁先是红棕色，然后慢慢变成鲜红色，跟鸡血一样，所以叫“鸡血藤”。经过化学分析，发现这种“血液”里含有鞣质、还原性糖、树质等物质，可供药用，有散气、去痛、活血等功用。它的茎皮纤维还可制造人造棉、纸张、绳索等，茎叶也可做灭虫的农药。

南也门的索科特拉岛，是世界上最奇异的地方，尤其是岛上的植物，更是吸引了世界各地的植物学家。据统计，岛上约有200种植物是世界上任何地方都没有的，其中之一就是“龙血树”。它分泌出一种像血液一样的红色树脂，这种树脂被广泛用于医学和美容。这种树主要生长在这个岛的山区。关于这种树，在当地还流传着一种传说，说是在很久以前，一条大龙同这里的大象发生了战斗，结果龙受了伤，流出了鲜血，血洒在这种树上，树就有了红色的“血液”。

鸡血藤

英国威尔士有一座公元6世纪建成的古建筑物，它的前院耸立着一株已有700年历史的杉树。这株树高7米多，它有一种奇怪的现象，长年累月流着一种像血液一样的液体，这种液体是从这株树的一条2米多长的天然裂缝中流出来的。这种奇异的现象，每年都吸引着数以万计的游客。这棵杉树为什么流“血”，引起了科学家们的注意。美国华盛顿国家植物园的高级研究员特利教授对这棵树进行了深入研究，也没找到流“血”的原因。

会流“血”的植物，流出的真是血吗？不是血液又是什么？这些都有待进一步研究。

说来有趣，关于植物的血型，竟是日本一位搞警察工作的人发现的。他的名字叫山本，是日本科学警察研究所法医、第二研究室主任。他是在1984年5月12日宣布这一发现的。

有一次，有位日本妇女夜间在她的居室死去，警察赶到现场，一时还无法确定是自杀还是他杀，便进行血迹化验。经化验死者的血型为O型，可枕头上的血迹为AB型，于是便怀疑是他杀。可后来一直未找到凶手作案的其他佐证。这时候有人提出，枕头里的荞麦皮会不会是AB型呢？这句话提醒了山本，他便取来荞麦皮进行化验，果然发现荞麦皮是AB型。

这件事引起了轰动，促进了山本对植物血型的研究。他先后对500多种植物的果实和种子进行观察，并研究了它们的血型，发现苹果、草莓、南瓜、山茶、辛夷等60种植物是O型，珊瑚树等24种植物是B型，葡萄、李子、荞麦、单叶枫等是AB型，但没找到A型的植物。

根据对动物界血型的分析，山本认为，当糖链合成达到一定的长度时，它的尖端就会形成血型物质，然后合成就停止了。也就是说血型物质起了一种信号的作用。正是在这时候，才检验出了植物的血型。山本发现，植物的血型物质除了担任植物能量的贮藏物外，由于本身黏性大，似乎还担负着保护植物体的任务。

人类血型，是指血液中红血球细胞膜表面分子结构的型别。植物有体液循环，植物体液也担负着运输养料、排出废物的任务，体液细胞膜表面也有不同分子结构的型别，这就是植物也有血型的秘密所在。

但植物体内的血型物质是怎样形成的，至今还没有弄清其原因。植物血型对植物生理、生殖及遗传方面的影响，也还都没有弄明白。

可以探矿的植物

自然界离不开植物，没有植物，人类就无法生存。

植物可以绿化大地，净化空气，为人们提供粮食和蔬菜。除此之外，植物还能帮助人们寻找地下的宝藏，可见植物对人的恩惠是无穷无尽的。

世界上有许多铜矿，就是根据植物找到的。赞比亚西北部的卡伦瓜，有一个世界著名的铜矿，这个铜矿的发现，就是得益于一种开蓝色花朵的铜花。我国北部生长着一种叫海州香蕾的草本植物。这种植物倍受地质工作者的青睐。因为凡是有这种植物的地方，那里往往埋藏着铜矿。因为这种植物的根部含铜量很多。在我国，这种植物已正式被列入铜矿指标植物。在乌拉尔山区，有种开蓝色花朵的野玫瑰，人们分析，这种奇怪的颜色可能与铜矿石有关。经勘探，果然在那里找到了一个铜矿。

还有些植物成为寻找黄金的向导。1934 年，捷克斯洛伐克化学家巴比契卡等人把玉米烧成灰，研究其化学成分时，竟然发现里面有黄金。接着，他们又对当地其他几种植物如向日葵、冷杉和山毛榉进行灰分分析时，也发现了黄金。结果在这里找到了一个金矿。还有一些植物，如问荆、鸡脚蘑、凤眼兰等，也都有吸收土壤中黄金的能力，所以，在这些植物生长茂盛的地方，很可能有金矿。我国地质工作者曾经在野薤子的指引下，在湖南西部的会同县找到了一个金矿。

在北美洲有个叫“有去无回”的山谷，无论人还是野兽进到这个山谷，就别想活着回来。后来地质工作者在这里发现，这种现象原来是土壤中含有大量的硒所致。他们便对这里的硒进行开采。不过他们开采的方式很特别，不是从土壤里提炼。而是大量种植紫云英，把收割后的紫云英晒干，烧成灰烬，然后再从灰中提取。因为这种植物能从土壤中大量吸收硒，留存在体内，所以，这种植物便成了硒矿的指标植物。紫云英生长很快，一年之内可收割好几次。据计算，每公顷紫云英可得到2.5千克的硒。

向日葵

可做探矿向导的植物还有很多，人们在实践中积累了丰富经验。如果人们发现本来长势很高的青蒿，在某种土壤里变矮了，说明土壤里可能含有硼。如果三色堇长得特别茂盛，说明地下可能有锰。生长针茅的地方可能有镍矿，忍冬的下面可能有银矿，生长喇叭菜的地方可能有铀矿，长生石南草的地方可能有钨和锡，而碱蓬则是可能有石油的标志。

为什么这些植物会成为探矿的向导呢？这是因为有些植物在长期发育中，往往很需要某种矿物，它们常常会把发达的根系深入地下去寻找这些矿质元素。而地下的矿物在漫长的地质年代里，部分化学元素已逐渐变成可吸收的离子状态。植物根部细胞在吸收水分时，金属离子也随之进入细胞，并在细胞膜上积聚起来，并运转到茎、叶、花、果或种子里。所以，地质学家根据细胞液的酸碱度、花色的改变，作为寻找矿物的根据。

也有人提出另外一种看法，由于含有某种金属矿周围的土壤里，这种金属的含量很高，许多植物忍受不了这么高含量的金属，因无法生长便被淘汰了，只有极少的几种好不容易生存下来，逐渐适应了这种金属的环境，并被吸收到自己的体内来，所以便成为某种矿物的标志。

植物探矿，有着广阔的发展前途。但就目前来看，能探矿的植物还为数很少，说明这一领域还大有潜力可挖。经过科学家们的努力，说不定还会有更多的探矿植物被发现。此外，探矿植物还揭示了这样一种事实，某种矿物会改变植物的形态，这就告诉我们，会有那么一天，人们会按照自己的意志去改造植物。

会说话的植物

在人们的眼里，植物似乎总是默默无闻地生活着，不管外界条件如何变化，它们永远无声地忍耐着。

但是，在20世纪70年代，一位澳大利亚科学家发现了一个惊人的现象，那就是当植物遭到严重干旱时，会发出“咔嗒、咔嗒”的声音。后来通过进一步的测量发现，声音是由微小的“输水管震动”产生的。不过，当时科学家还无法解释，这声音是出于偶然，还是由于植物渴望喝水而有意发出的。如果是后者，那可就太令人惊讶了！

不久之后，一位英国科学家米切尔，把微型话筒放在植物茎部，倾听它是否发出声音。经过长期测听，他虽然没有得到更多的证据来说明植物确实存在语言，但科学家对植物“语言”的研究，仍然热情不减。

1980年，美国科学家金斯勒和他的同事，在一个干旱的峡谷里装上遥感装置，用来监听植物生长时发出的电信号。结果他发现，当植物进行光合作用，将养分转换成生长的原料时，就会发出一种信号。了解这种信号是很重要的，因为只要把这些信号译出来，人类就能对农作物生长的每个阶段了如指掌。

金斯勒的研究成果公布后，引起了许多科学家的兴趣。但他们同时又怀疑，这些电信号的“植物语言”，是否能真实而又完整地表达出植物各个生长阶段的情况，它是植物的“语言”吗?

1983年，美国的两位科学家宣称，能代表植物“语言”的也许不是声音或电信号，而是特殊的化学物质。因为他们在研究受到害虫袭击的树木时发现，植物会在空中传播化学物质，对周围邻近的树木传递警告信息。

后来，英国科学家罗德和日本科学家岩尾宪三，为了能更彻底地了解植物发出声音的奥秘，特意设计出一台别具一格的“植物活性翻译机”。这种机器只要接上放大器和合成器，就能够直接听到植物的声音。

这两位科学家说，植物的“语言”真是很奇妙，它们的声音常常伴随周围环境的变化而变化。例如有些植物，在黑暗中突然受强光照射时，能发出类似惊讶的声音；当植物遇到变天刮风或缺水时，就会发出低沉、可怕和混乱的声音，仿佛表明它们正在忍受某些痛苦。在平时，有的植物发出的声音好像口笛在悲鸣，有些却似病人临终前发出的喘息声。而且，还有一些原来叫声难听的植物，当受到适宜的阳光照射或被浇过水以后，声音竟会变得较为动听。

罗德和岩尾宪三充满自信地预测说，这种奇妙机器的出现，不仅在将来可以用作植物对环境污染的反应，以及对植物本身健康状况诊断，而且还有可能使人类进入与植物进行“对话”的阶段。当然，这仅仅是一种美好的设想，目前还有许多科学家不承认有“植物语言”的存在，植物究竟有没有“语言”，看来只有等待今后的进一步研究才能作出答案。

植物之最

最大的植物细胞

自然界生长着形形色色的植物，细草巨木，绿叶红花，它们的形状、结构、大小相差很远，可是如果用显微镜仔细观察，我们会发现，所有的植物都是由细胞构成的。

一般的植物细胞都很小，长度通常在 20～100 微米之间。1 微米等于 1/1000 毫米。一颗芝麻约有 3 毫米即 3000 微米长。就是说，要 30～100 个细胞排成队，才有一颗芝麻那么长。因此，必须借助显微镜放大 60 倍以上，才能看见它们的大体模样。

但是也有例外。有少数植物细胞，用肉眼就可以看见。如我们切开的成熟的“沙瓤”西瓜，就可以看见瓜瓤中的细胞。“沙瓤”中的每一“砂粒”，就是一个细胞，直径达 1 毫米左右，它可算是植物细胞中的大个子了。一条条雪白的棉花纤维，每一根纤维也是一个细胞，最长的可达到 75 毫米，差不多有成年人的手指那么长。西瓜瓤细胞同它相比，又是小巫见了大巫。植物细胞中最大的是苎麻茎的韧皮纤维细胞，最长能超过 1/2 米，真是细胞“小人国”中的擎天“巨人”。

最粗的树

在欧洲有这样一个有趣的传说。相传古代的阿拉伯国王的王后亚妮，有一次带领百骑人马到埃特纳火山游玩，忽然天降大雨，百骑人马连忙跑到一棵大栗树下避雨。巨大浓密的树冠如天然华盖，给百骑人马遮住了大雨 。因此，皇后高兴地称它为“百骑大栗树”。

苎 麻

据国外报道，在西西里岛的埃特纳山边，确有一颗叫“百马树”的大栗树，树干的周长竟有55 米左右，需 30 多个人手拉着手，才能围住它。百骑大栗树虽饱经沧桑，现在仍然枝繁叶茂，开花结实。树干下部有一大洞，采栗的人常在那里作临时的宿舍或仓库使用。

埃特纳火山位于意大利西西里岛东岸的，海拔 3340 米，是欧洲最高的活火山。这座火山自公元前 475 年大喷发以来，一直没有安静过，仅公元 1500 ~1669 年就记录了 71 次喷发，以后到 1971 年又喷发了 38 次。然而火山喷发所带来的灾难和恐惧，却没有阻止生命的进程。相反，大量火山灰使山坡上和山脚步下土质肥沃、草木葱茏。在埃特纳火山海拔 900 ~1980 米的中段地带，生长着茂盛的栗树、山毛榉、栎树、松树和桦树，景色十分秀丽。山麓则果园遍布，葡萄、油橄榄、柑橘、樱桃、苹果竞相生长，果农脸上充满了丰收的喜悦。尤其是山脚下这株陪伴着这座喜怒无常的火山度过了上千个春秋的极为粗大的栗树，不但没有被一次次的火山喷发所吞没，相反却充满了勃勃生机，令络绎不绝的观光者叹为观止。

关于这株栗树还有一段有趣的逸事。中世纪时，西西里岛曾一度被西班牙的阿拉贡王国所统治。据说有一年夏天，阿拉贡王带了百名随从骑马来到埃特纳火山脚步下巡车，突遇大雨，附近又没有可供避雨的房屋。正巧不远处有一片“小树木”，于是国王带着手下急驰而至，原来，刚才见到“树林”，只不过是一株巨大的栗树。这株栗树的树干极粗，大约要 30 多个

百骑大栗树

人才能合抱，树冠枝繁叶茂，如一把天然巨伞，竟然将阿拉贡王有手下的百余名骑手全部遮住。从此，这株护驾有功的栗树就出了名，被誉为“百骑大栗树”。

“百骑大栗树”究竟有多粗呢？据1985年版《吉尼斯世界纪录大全》记载，1972年对这棵栗树测量的结果为：树干周长50.9米。在世界最粗的三棵树中，“百骑大栗树”位居第二，另两名分别是：墨西哥东部瓦哈卡州的一棵墨西哥落羽杉，树高48.8米，距地面1.52米处树干周长38.1米；非洲大陆上的一棵猴面包树，树干周长达54.9米。

“百骑大栗树”的正式名称叫欧洲栗，又称甜栗，是欧洲的乡土树种，非洲北部和亚洲西部也有分布。它的坚果可食，是一种人们喜爱的食物，它含丰富的淀粉、蛋白质和糖分，营养价值很高，无论生食、炒食、煮食、烹调做菜都适宜，不仅味甜可口，又有治脾补肝、强壮身体的医疗作用。栗树木材优良，可作建筑、家具、细工木用材。

最矮的树

矮　柳

一般的树木能长到20～30米高。在温带的树林下，生长一种小灌木，叫紫金牛，绿叶红果，人们都很喜爱它，常常把它作为盆景。它长得最高也超不过30厘米，因此，大家给它起一个绰号，叫它“老勿大”。其实“老勿大”

比起世界最矮的树来，要高 6 倍。这最矮的树叫矮柳，生长在高山冻土带。它的茎匍伏在地面上，抽出枝条，长出像杨柳一样的花序，高不过 5 厘米。如果拿杏仁桉的高度与矮柳相比，一高一矮要相差 15000 倍。与矮柳差不多高的矮个子树，还有生长在北极圈附近高山上的矮北极桦，据说那里的蘑菇，长得比矮北极桦还要高。

高山植物为什么长不高呢？因为那里的温度极低，空气稀薄，风又大，阳光直射，所以，只有那些矮小的植物，才能适应这种环境。

体积最大的树

地球上的植物，有的个体非常微小，有的个体却很庞大。像美国加利福尼亚的巨杉，长得又高又胖，是树木中的“巨人”，所以又名世界爷。

这种树一般高 100 米左右，其中最高的一棵有 142 米，直径有 12 米，树干周围为 37 米，需要 20 来个成年人才能抱住它。它几乎上下一样粗。

巨杉原产美国加州，海拔1500 ~ 2500 米之间。巨杉也被引进至中国、欧洲、澳大利亚、新西兰和智利。

巨 杉

天然原生的巨杉只分布于加州内华达山脉西部的优胜美地国家公园和国王峡谷国家公园。它们生长的地方通常是有着干燥的夏天、下雪的冬天和潮湿的气候，海拔约 1500 ~ 2000 米的山谷中。

巨杉是阳性树，生长快，且树龄极长。播种繁殖，但幼苗易生病害。我国杭州等地有引种栽培，可作园景树应用，为世界著名树种之一。巨杉，是所有树中最粗大的一种。位于内华达山红杉国家公园中的“谢尔曼将军”至少已有3200年的树龄，也有可能达到了4000年。它不仅是最大的红杉，而且也是地球上最庞大的并且尚存活着的生物。树高83米，树干围长24米。

前面说到过的杏仁桉虽然比巨杉高，但它是个瘦高个，论体积它没有巨杉那样大，纪录中树高最高可达93.6米、直径最大可达8.85米。其中一棵叫“雪曼将军树”的树，其体积达到1489立方米，是地球上最大的单一有机体。所以巨杉是世界上体积最大的树。地球上再也没有体积比它更大的植物了。

巨杉的经济价值也较大，是枕木、电线杆和建筑上的良好材料。巨杉的木材不易着火，有防火的作用。

陆地最长的植物

在非洲的热带森林里，既生长着无数的参天巨树和奇花异草，也有绊你跌跤的“鬼索”，这就是在大树周围缠绕成无数圈圈的白藤。

白藤也叫省藤，我国云南也有出产。藤椅、藤床、藤篮、藤书架等，都是以白藤为原料加工制成的。

白藤

白藤茎干一般很细，有小酒盅口那样粗，有的还要细些。它的顶部长着一束羽毛状的叶，叶面长尖刺。茎的上部直到茎梢又长又结实，也长满又大又尖往下弯的硬刺。它像一根带刺的长鞭，随风摇摆，一碰上大树，就紧紧地攀住树干不放，并很快长出一束又一束新叶。接着它就顺着树干继续往上爬，而下部的叶子则逐渐脱落。白藤爬上大树顶后，还是一个劲地长，可是已经没有什么可以攀缘的了，于是它那越来越长的茎就往下堕，以大树当作支柱，在大树周围缠绕成无数怪圈圈。

自藤从根部到顶部，可达300米，比世界上最高的桉树还长1倍。资料记载，白藤长度的最高纪录竟达400米。陆地上还有比这更长的植物吗？没有了！

最深的根

漂浮在池塘水面的浮萍，它的根不到1厘米。水稻的根大都在20厘米深的土层内。棉花算是深耕作物了，最深的根也只有2～2.2米。一般树木的根有多深呢？俗话说："树有多高，根有多深。"这个说法有一定的根据，但不够准确。比如在非洲沙漠里，有一种灌木叫有刺阿康梭锡可斯，高和人差不多，全身不长一张叶子，可是根长达15米。一般地说，水生和湿生的植物，根长得短而浅；旱生和沙漠里的植物，根长得长而深。

世界上根长得最深的植物，在南非奥里斯达德附近的回声洞，那里有一株无花果树，估计它的根深入地下有120米，要是挂在空中，有40层楼那么高。这是生长最深的根了。

最大的树冠

俗话说，"大树底下好乘凉"。你知道什么树可供乘凉的人数最多？这要数孟加拉雨林中的一颗榕树，它的树冠可以覆盖15亩左右的土地，有一个半足球场那么大。

孟加拉榕树不但枝叶茂密，而且它能由树枝向下生根。这些根有的悬挂在半空

孟加拉榕树

中，从空气中吸收水分和养料，叫“气根”。多数气根直达地面，扎入土中，起着吸收养分和支持树枝的作用。直立的气根，活像树干，一棵榕树最多的可有4000多根，从远处望去，像是一片树林。因此，当地人又称这种榕树为“独木林”。据说曾有一支六七千人的军队在一株大榕树下乘过凉。当地人们，还在一棵老的孟加拉榕树下，开办了一个人来人往、熙熙攘攘的市场。世界上再没有比这大的树冠了。

最小的有花植物

太阳把塘水晒得暖洋洋的，一种形如细砂的水生植物，正忙着繁殖它的后代。直到每1平方米的水面，有100万个它们的个体，还是不肯罢休。这就是最小的有花植物，饲养鱼苗的好饲料——无根萍。无根萍是浮萍的一种，它的个子太小了，长只有1毫米多，宽不到1毫米，比芝麻还小得多。无根萍的外形同一般浮萍很相似，它们朝上面平坦，底下面隆起。顾名思义，这种植物是没有根的。有趣的是，这种微小的植物也有花，花当然更小，只有针头般大。

无根萍，又称卵萍、芜萍、微萍、水蚤萍、仁丹藻等，在分类上属于浮萍科，无根萍属。外观像绿色的鱼蛋。

无根萍共创下了3个世界纪录：①全世界最小的开花植物；②全世界花最小的植物；③全世界果实最小的植物。

由于个子是那么的娇小，在野外总是很难吸引人们的目光，再加上我们的生态环境受到严重的污染，我们想要找到无根萍更是难上加难了！有机会不妨到南部的菱角田、莲花田等有浮萍生长的池沼、水田等没有鱼害的平静水域去试试运气。

无根萍的体内含有大量淀粉，是一种很有前途的淀粉资源，将来很可能成为代替小麦和大米的食粮。

以前，农家常会捞取浮萍给鸭鹅等家禽吃，当做免费但营养的饲料；而且浮萍也可以当做野外求生植物和蛇药；另外因为生长快速又好种，也被视为很好的生物实验材料。

在泰国，无根萍被称做“水蛋”，农民常在田里大量栽培，而且还捞来吃。

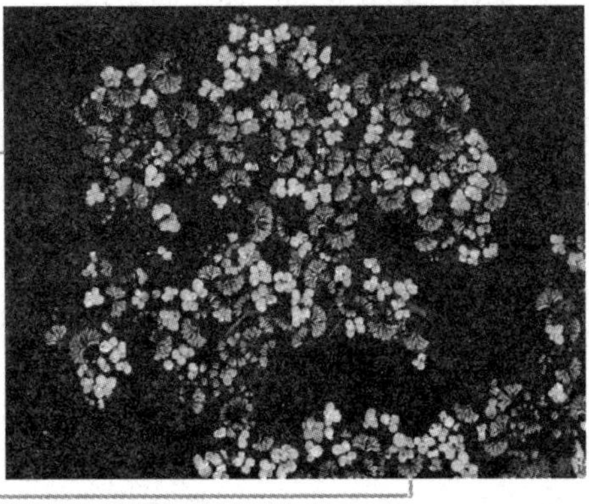

无根萍

在美国，无根萍被称做“水饭”。最近也有人用比较卫生的“无菌栽培法”繁殖无根萍，当做生菜沙拉或用来夹汉堡吃。想象一下有人吃汉堡，吃得满嘴都是一粒一粒绿色的无根萍；或是上餐馆点菜时叫着：“老板，来碗无根萍！”不可思议吧？一般植物性的食品，除了豆类之外，大都缺乏蛋白质。无根萍不但和其他蔬菜水果一样富含维生素、矿物质，而蛋白质的含量更高达干重的40%以上，已经算是接近黄豆的水准了，更优秀的是淀粉含量也高达50%以上，每天只要吃下500克干重的无根萍，就能维持一天生活所需。

最大的红桧

红桧是像柏树一类常绿高大的树木，为我国台湾特有的树种。在台湾，红桧又尊称为“神木”，是裸子植物中属于柏科扁柏属的一种植物。它生长在台湾的中央山脉。在阿里山，有2株参天的红桧，其中大的一株（号称神木），高达60米，直径6.5米，材积504立方米。如果用这棵树的木材做双人长凳，可做35000多条，可供70000人坐着开会。树的年龄大约有3000年，是我国最古老树木之一。

红桧主要分布于针叶林内，喜温和湿润的气候。红桧为喜阳树种，根系发达，天然更新良好，幼树需要一定的光度，生长较快。

红桧可供做中高海拔的造林树、庭园树、风景树、行道树以及平地庭园、盆景用树。木材耐腐朽，含有扁柏酚及洛定酸，会散发芳香味，纹路美丽，质地良好，可供做建材、家具、雕刻等用途，但是桧木心材容易腐朽，形成莲藕状空洞，俗称莲根材。

由于红桧长得特别高大，所以有“亚洲树王”的称号。它虽比不上美洲红杉，但在同一种内，它却是世界最大的了。

最大杉木树

杉木，是我国特有的用材树种。它生长快，材质好，用途广，产量高，是群众喜爱的造林树。杉木一般高30米左右，树干胸径有3米。

最近在浙江省庆元县丰墙的莲花山发现一株大杉木，相传是明朝弘治年间种植的，树龄有490多年，树高35米。树干圆周有5.51米，3个人手拉手才能围一圈。一株树的木材有37立方米，可做双人课桌1360张。人们称它为“杉木王”。

杉　木

其实，真正的“杉木王”还不是它，而是生长在台湾的一棵大杉树。这棵大杉树在台湾中部海拔1000多米的高山上。它的树干6个人手拉手还抱不过来。在杉木中，它是世界最大的了。

杉木材质轻韧，强度适中，质量系数高。具香味，材中含有“杉脑”，能抗虫耐腐，加工容易。广泛用于建筑、家具、器具、造船等方面。1804～1844年流入英国，在英国南方生长良好，视为珍贵的观赏树。美国、德国、荷兰、波兰、丹麦、日本等国植物园中也均有栽培。

最高的竹子

我国盛产竹子，产量居世界第一位，共有150余种，主要分布于长江流域以南。其中形体最高大的是毛竹。毛竹一般高达20米，是我国竹子中的老大，但它还不是世界上最高的竹子。

最高的竹子

在斯里兰卡的贝拉迪尼亚植物园里，有几株竹子其高度达30～35米，叫为龙竹。在分类学上这属于禾本科竹亚科牡竹属。该属约30种以上，均为乔木状竹类，一般高24～30米，幼时常被白色蜡粉，地下走茎（竹鞭）粗短，杆丛生，竹梢常下垂。节间深绿或灰绿色，长约40厘米，直径20～25厘米，锯下一节就能制成一个不算小的水桶。巨大的竹杆可作建筑用材和引水管。本属大部分种类产于亚洲东南部、印度、斯里兰卡、缅甸等地，也常见栽培。中国约有10多种，分布于西南部和南部。1999年5月1日在昆明举行的世界园艺博览会上展出了世界最高的巨龙竹，它高达40米，竹竿粗30多厘米。

最大的葡萄树

葡萄属葡萄科植物，为落叶藤本植物，是世界最古老的植物之一。葡萄原产于欧洲、西亚和北非一带。据考古资料，最早栽培葡萄的地区是小亚细亚里海和黑海之间及其南岸地区。大约在7000年以前，南高加索、中亚细亚、叙利亚、伊拉克等地区也开始了葡萄的栽培。多数历史学家认为波斯（即今日伊朗）是最早酿造葡萄酒的国家。

葡萄的枝条及卷须的生长非常有趣：卷须每一回转的时间大约是 2 小时 14 分；新枝顶端每一回转需 4 小时。葡萄黄绿色的花瓣并不美丽，但它能招引 44 种昆虫为它传粉。

葡萄也是一种最古老的栽培植物，它的故乡是近东。在世界上传播的范围，除小麦外就算葡萄了，估计有 2000 多个品种。我国新疆吐鲁番的无籽葡萄非常有名；云南怒江两岸的葡萄每颗长得有枇杷那么大。目前栽培的葡萄，每株单产 1000 ~ 1500 千克，已算是高产了。而 1842 年种在美国加利福尼亚州卡品特里亚的一株葡萄树，最高的年产量是 7 吨。要是按每人分 250 克的话，就可以供 28000 人吃个痛快。可惜这棵葡萄树在 1920 年死去了。

葡萄树

现在世界上最大的葡萄树，是英国苏格兰地方 1891 年栽的一株。它的树冠覆盖面积达 460 多平方米，最长的枝条有 90 多米，茎的直径 17 厘米。据统计，到 1963 年的 73 年里，从这棵树上采摘的葡萄，共有 10 万余果穗，平均每年结 1370 个果穗。

最高的仙人掌

温带地方的仙人掌，都是远方的来客，只能在温室里过冬，个儿一般只有热水瓶那么高。

我国海南岛的西部，靠近海边的地方，野生的仙人掌有 1 ~ 2 米高，多得简直像森林。每当春夏之交，雨季尚未到来的时候，其他植物都枯黄，独有仙人掌鲜花竞放，那美丽鲜黄的花朵映着海滩，真是别有风光。仙人掌的果实像红珠珠，有甜味，可以生吃。它的扁茎还是有用的药草。如果小孩生了腮腺炎，切一片薄薄的茎加上一些食盐，贴在患处，效果很好。

最高的仙人掌

仙人掌的真正老家是在墨西哥的沙漠里，那里简直是仙人掌的世界。它同类的兄弟很多，形态也千奇百怪：有的长成球形，叫仙人球；有的长得像烧饼，叫仙人掌，有的长成圆柱状，叫仙人柱，也有的长得像鞭子、棍子，分别叫它仙人鞭、仙人棒。它们的高度常常超过人头。在墨西哥的下加里福尼亚有一株大仙人掌，高达17.69米，重有10吨。如果把它锯倒弄断，要两辆大卡车才能把它拖走呢！

最大的叶子

从池塘里摘一张荷叶盖在头上，就像一顶大草帽。荷叶可算是大叶子了。可是，比起生长在南美洲亚马孙河里的王莲叶子来，就像脚盆里面放茶碗，相差太大了。

王莲叶直径有2米多，向阳的一面是淡绿色的，非常光滑，背阴的一面是土红色的，密布着粗壮的叶脉和刺毛。叶子的边缘向上卷，浮在水面上像只大平底锅。要是在叶子的中央，站上一个35千克重的孩子，它还能像小船一样浮着；假如在叶面上均匀地平铺一层75千克的黄沙，这个“大平底锅”也不会往下沉。

王莲的叶子，可说是水生有花植物中最大的了。但是，它还不是世界上最大的叶子。在陆生植物中，还有比王莲更大的叶子，那是生长在智利森林里的大根乃拉草。它的一张叶片，能把3个并排骑马的人，连人带马都遮盖住。

王 莲

大根乃拉草，又名大叶蚁塔，小二仙草科多年生草本。原产南美洲巴西亚马孙河流域一带。大型观叶植物，叶的直径可达到2米，叶柄极其粗壮并布满尖刺，整片叶子就像一把带刺的雨伞。植株的高度可达2～3米。花序圆锥塔状，淡绿带棕红色，因其形状相似蚂蚁的巢穴而得名。

大根乃拉草性喜温暖潮湿的环境，抗寒性弱，适宜栽种于光照、水分充足，土壤肥沃的场所，一般栽种于溪流、池塘边，生长良好。昆明植物园于1994年从英国引种并培育成活，而之前在中国一直没有引种这种植物的记录。1999年昆明植物园负责建设昆明世博园“高山植物展厅”时，曾将一株大根乃拉草的小苗引进了世博园。

大根乃拉草

如今，在昆明植物园的东园水景区、木兰园、扶荔宫及园办公楼前都有长势良好的大根乃拉草定植，每到冬季叶子枯萎、脱落，地上部分消失；来年春天再次萌发新叶，颜色嫩绿状如拳头，渐渐伸展开来，塔状花序也同时形成；夏季来临，叶片已长到最大程度，花序也已成形，进入最佳观赏期。

最长的叶子

据科学家调查，世界上植物的叶子，没有一片是完全相同的。它们的形状各式各样，大小也千差万别。最大的一张叶子，可盖一间小房子，最小的比鱼鳞还要小。那么，它们的长度又是怎样呢？玉米的叶片，看起来是比较长的了，大约 1 米。南美洲的亚马孙棕榈，一张叶子连柄带叶有 24.7 米。热带的长叶椰子，一片叶子有 27 米长，竖起来有七层楼房高。这是迄今所知道的最长叶子。

最长寿的叶子

常青的松柏，它的叶子是永远不凋落的吗？不，松柏也是要换叶子的，不过，它的叶子不是一下子全部凋落，而是一部分一部分地换，所以看起来松柏永远郁郁葱葱。松柏叶子的寿命也的确比桃李等落叶树的叶子长，可以生存 3~5 年。

那么世界上哪种植物叶子的寿命最长呢？这要数非洲西南部沙漠中的“百岁兰”的叶子了。

百岁兰是裸子植物门百岁叶科的唯一种类。又称千岁叶、百岁兰、千岁兰。分布于安哥拉及非洲热带东南部，生于气候炎热和极为干旱的多石沙漠、枯竭的河床或沿海岸的沙漠上。百岁兰外形奇特，其树干非常短矮而粗壮，呈倒圆锥状，高很少超过 50 厘米，而直径可达 1.2 米，具有极长而粗壮、深达地下水位的主根；树干上端或多或少长有裂边，沿裂边各具 1 枚巨大的革质叶片，叶片长带状，具多数平行脉，长达 2~3.5 米，宽约 60 厘米，叶之基部可继续生长，叶的顶部则逐渐枯萎，常破裂至基部而形成多条窄长带状，其寿命可达 100 年以上，故有百岁叶之称。

百岁兰年年开花。在茎顶上表面，出现一些同心沟，在同心沟的外方沟内抽出球果状的穗形花序；花片鲜红色。种子的外面有翅膀，随风散落到各处安家。

百岁兰，一生只长2片叶子，不凋不谢。叶子初生时质地柔软，为适应干旱的沙漠环境，以后逐渐变成皮革那样。这两片叶各长2~3米，宽30厘米，两片叶拼在一起，比一张单人草席还要长出一大截。叶片基部生长的同时，叶片末端开始干枯。其叶子寿命为植物界中最长的，在原产地非洲纳米比亚的沙漠有寿命达2000年以上者，叶片宽达1米多，长达10余米，极为珍贵。

百岁兰跟其他植物的亲缘关系还有待研究。百岁兰的分布范围极其狭窄，它仅仅分布在纳米比沙漠。纳米比沙漠是世界上最古老的沙漠，而百岁兰分布在这个沙漠从纳米比亚西部沿海到安歌拉西南部一个狭长的、极其干燥的地段。它也是远古时代留下来的一种植物“活化石”，非常珍贵。

沙漠地区的气候干燥，雨水稀少，蒸发量又大，沙漠中生长的植物为适应这种环境，或者脱去叶子，或者叶变态呈针状，以此来减少水分的损失。可百岁兰的叶子既宽又厚，难道它不惧怕干旱吗？

百岁兰

原来，百岁兰的根系发达，可以吸收地下的水分，同时海边雾气浓重，形成的露水落下后，被百岁兰的叶子吸收，这样，百岁兰始终可以获得充足的水分来供自己生活之用。

世界上还有比这更大的叶子，也还有比这更奇形怪状的叶子，但是没有比这更长命的叶子了。百岁兰的叶子寿命竟长达100年以上。

最大的花

池塘里的浮萍，花朵最小，直径不到1毫米。桃花直径2~3厘米，玫瑰6~8厘米，玉兰花10~18厘米，花王牡丹20~30厘米。

世界上最大的花，是生长在印度尼西亚苏门答腊森林里的大花草的花，直径达1.4米，几乎像我们吃饭的圆桌一样大。它有5片又厚又大的花瓣，外面带有浅红色的斑点，每片长30~40厘米。一朵花有6~7千克重，花心象个面盆，可以盛5~6升水。

最臭的花

大花草寄生在像葡萄一类的白粉藤根茎上。这种古怪的植物，本身没有茎，也没有叶，一生只开一朵花。花刚开的时候，有一点儿香味，不到几天就臭不可闻。在自然界里香花能招引昆虫传粉，像大花草那样的臭花也同样能引诱某些蝇类和甲虫为它传粉。

大花草

最臭的开花植物

人们常常用“芳草香花”等句子来赞美自然界的花草树木。其实，在绿色植物里，臭花、臭草也还是不少的。植物书上用“臭”字命名的，不下几十种，例如臭椿、臭梧桐、臭娘子、臭荠、臭灵丹、臭牡丹……有些植物虽没用臭字命名，但包含着臭的意思，例如鸡矢藤、鱼腥草、马尿花……这许许多多含有臭味的植物，究竟哪种最臭呢？这只能靠我们的鼻子去鉴别。

当我们走到臭梧桐树下，并不觉得有臭味。要是摘一片叶子，弄碎闻一闻，就有一股臭味。假若你走进鱼腥草的草丛中，立即会闻到腥臭味。如果再用手摸它一下，1小时之内，臭气也难以消掉。这两种植物虽臭，但都是很好的药草。臭梧桐可治高血压病，鱼腥草是治肺炎的良药。

热带有一种有名的水果叫榴子，闻闻有恶臭，吃起来味极美。在中美洲的森林里，有一种叫天鹅花，也叫鹅花或鹈鹕花，看上去很脏，它的臭味很像腐烂的烟草，猪仔吃了马上会死去，没有吸烟习惯的人最怕闻这种臭味。

在苏门答腊的密林里有一种巨魔芋，当它开花的时候，臭得像烂鱼一样。大花草的臭味很像腐烂的尸体。烂鱼确是难闻，烂尸体更使人恶心。因此，最臭的植物，公认是大花草。说也奇怪，这两种特别臭的植物，一种是花序最大，一种是花朵最大，大概臭味与它们发散的面积也有关系。

巨魔芋

花序最大的草本植物

在婀娜多姿的鲜花丛中，如果你仔细观察，不难发现：莲、芍药、南瓜等草本植物的花朵，它们是一朵朵生在花枝上的；可是，小麦、水稻、向日葵等的花朵，却是许多花，按一定形式和顺序着生在花枝上的，称为花序。

在亚洲苏门答腊葱郁的热带雨林中，生长着一种草本植物，叫臣魔芋。巨魔芋的个子并不高，它的茎只有0.5米。但是，它成熟时，在茎顶伸出一枝劲健的肉穗花序，其中密布着数以千计的黄色的雄花和雌花，花序外面的苞片内为红色，外为深绿色。整个花序和花序下的茎连起来，很像一座蜡烛台，不过这个蜡烛台太大了，高有3米，直径1.3米。这样大的花序，自然该列草本植物的首位。

最长寿的花和最短命的花

在自然界里，有千年的古树，却没有百日的鲜花，这是什么道理呢？因为，花儿都是比较娇嫩的，它们经不起风吹雨打，也受不了烈日的曝晒，因此，一朵花的寿命都是比较短促的。例如：玉兰、唐菖蒲等能开上几天；蒲公英从上午 7 时开到下午 5 时左右；牵牛花从上午 4 时开到 10 时；昙花从晚上八九点钟开花，只开三四个小时就萎谢了，由于它开花时间短，所以有“昙花一现”的说法。

你也许以为昙花是寿命最短的花吧？不是。南美洲亚马孙河的王莲花，在清晨的时候露一下脸，半个小时就萎谢了。世界上寿命最短的花是小麦的花，它只开 5 ~ 30 分钟就谢了。

世界上寿命最长的花，要算生长在热带森林里的一种兰花，它能开 80 天。

开花最晚的植物

沙漠中的短命菊，出苗以后几个星期就开花结果，完成了生命周期。大多数草本植物，出苗后在当年开花或隔年开花，如水稻、玉米、棉花是当年开花，小麦、油菜是隔年开花。

一般木本植物开花比较晚：桃树 3 年，梨树 4 年。银杏出苗后要经过 20 多年才开花，所以有“公公种树，孙子收实”的说法。毛竹要经 50 ~ 60 年后才开花，它一生只开一次花，花开完后就逐渐死亡。

开花最晚的树要算生长在玻利维亚的拉蒙弟凤梨。这种植物要生长 150 年后才开出圆锥形的花序，它的一生也只开一次花，花后就死亡。

花期最长的植物

每一种植物，花期长短是不一样的。例如：棉花从第一朵花开放到最后一朵花凋谢，整株棉花要开几个月，桃花、杏花开半个月左右，丁香、紫荆能开1个多月，茄子、番茄能开3～4个月；玫瑰、月季能连续开花半年多；开花期最长的是生长在热带的可可、桉树等，它们是四季常青，终年开花。

植物开花期的长短与生长条件有很大的关系。如果我们培育得当，就可以延长开花期。例如在下霜前把番茄移进温室，整个冬天也会开花结果。

可可树

颜色变化最多的花

桃花红，梨花白，从花开到花落，色彩似乎没有什么变化。但是，在自然界里，有一些花卉的颜色却变化多端。例如金银花，初开时色自如银，过一两天后，色黄如金，所以人们叫它金银花。我国有种樱草，在春天20℃左右的常温下是红色，到30℃的暗室里就变成白色。八仙花在一些土壤中开蓝色的花，在另一些土壤中开粉红色的花。有一些花在它受精以后也会变色。比如棉花，刚开时黄白色，受精以后变成粉红色。杏花含苞的时候是红色，开放以后逐渐变淡，最后几乎变成白色。

颜色变化最多的花要数“弄色木芙蓉”了。它的花初开的时候是白色，第二天变成了浅红色，后来又变成了深红色，到花落的时候又变成紫色了。这些色彩的变化，看来非常玄妙，其实都是花内色素随着温度和酸碱浓度的变化所玩的把戏。

飘得最高最远的花粉

植物开花后，要结出果实，必须把雄蕊的花粉传给雌蕊，使雌蕊受精。

美丽的鲜花可以用花蜜引诱昆虫，替它们当传送花粉的“媒人”，可是玉米、杨树、松树的花，又瘦又小，有谁来给它们当“媒人”呢？它们不能吸引昆虫，只得由风来做“媒人”了。

弄色木芙蓉

松树花

由风来传播的花粉，又小又多。一朵花或一个花序上的花粉粒，少则数千，多则成万甚至数十万。所以一阵风来满天飞扬，似下雾一般。它们身小体轻，能够随风飘扬，飞得又高又远，近的几千米，远的几十千米、几百千米。

花粉飞得最高、最远的纪录，是松树的花粉创造的。它的花粉生有气囊，能够帮助飞行，使它可以升高几千米，越过山岭，跨过海洋，飘出几千千米之外！

最有力气的果实

凤仙花的果实成熟后，果皮会自动裂开，把种子像枪弹似地喷射到2米远的地方去。在丰富多采的植物界里，这种本领并非凤仙花所独有，有的植物本领还要大哩！

喷　瓜

原产欧洲南部的喷瓜，它的果实像个大黄瓜。成熟后，生长着种子的多浆质的组织变成黏性液体，挤满果实内部，强烈地膨压着果皮。这时果实如果受到触动，就会“砰”的一声破裂，好像一个鼓足了气的皮球被刺破后的情景一样。喷瓜的这股气浪很猛，可把种子及黏液喷射出十几米远。因为它力气大得像放炮，所以人们又叫它“铁炮瓜”。还有比喷瓜果实更有力气的果实吗？人们至今还没有发现。

喷瓜的黏液有毒，不能让它滴到眼中。

寿命最长的种子

过去曾经有过一个消息，说是埃及的金字塔里，发现了千年前的小麦，种下去仍然能够发芽生长。后来才知道，这是不法商人为了骗取钱财搞的一个卑劣的骗局。

植物种子的寿命，短的只有几天，甚至几小时，一般的有几个月、几年，寿命超过15年，已算是长命的了。

那么，世界上有没有千年不死的最长命的种子呢？有的，那就是我国的古莲子。这是1951年在辽宁省普兰店泡子屯村的泥炭层里发现的。人们推断它们已在地下静静的睡了1000年左右，但是它们并没有死亡。我国科学家用锉刀轻轻地把古莲子外面的硬壳锉破，然后泡在水里，古莲子不久就抽出嫩绿的幼芽来了。北京植物园1953年栽种的古莲子，在1955年夏天就开出了粉红色的荷花，沉睡千年的古莲子被人们唤醒了。不少国家的植物园从我国要去了这种莲花种子，并已栽种成活。

古莲子

古莲子的寿命为什么有这样长呢？原来植物种子离开它的“母亲”之后，它就有了独立生存的能力。生命的长短，与种子本身的构造及贮藏条件的好坏，有着密切的关系。古莲子外面这层坚韧的硬壳，把自己保护得好好的，又深深埋藏在较干燥的泥炭层里，这是古莲子长寿千年的秘密。

含淀粉最多的树干

植物的淀粉，主要集中在果实、种子、块根、块茎内，如板栗、小麦、山芋、马铃薯等。但是也有一些植物的茎干内含有很多的淀粉。例如商店里供应的白色半透明的“西米”，就是用苏铁一类植物茎干里的淀粉制成的。

树干含淀粉最多的植物，要算是生长在菲律宾、印尼等国的西谷椰子树。通常一株 10～12 米高、直径 20～25 厘米粗的树干，可以刮出 100 千克干粉。大的树干就更多了。这些干粉经过加工，就制成洁白均匀的西谷米。把它煮成饭，吃起来和大米一样香。当地人就用它作为粮食。据说一个人在西谷椰子林内劳动 1 天，所得的西谷米，足够吃 1 年。

这种树形状有点像棕榈，一般能长 10～20 年。在茎的顶、端，生长着许多羽状的大叶子，有 3～6 米长，但结的果实只有杏子那么大。

产油最多的植物——油棕

油棕的形态很像椰子，因此又名“油椰子”，它的故乡在西部非洲。100 多年前，它一直默默无闻地生长在热带雨林中。直到 20 世纪初，油棕以丰富的含油量，闻名世界，才被人们发现和重视，如今已是世界“绿色油库”中的一颗明星，成了名副其实的“摇钱树”。

油棕是世界上单位面积产量最高的一种木本油料植物，因此有“世界油王”之称。

以每亩产油量来计算，花生约 30 千克，大豆约 20 千克，油棕约 200 千

油　棕

克，分别为花生的7~8倍，大豆的10倍。优良的油棕亩产油量则达400千克。若采用优良品种，小面积1亩产油可高达600多千克。以“世界上产油最多的植物”这一称号授予油棕，它是受之无愧的。

油棕油的营养价值高，可食用，用它制出的食品可久藏不坏。工业上，它可做优良的防锈剂。由于油棕的油脂产量特高，且用途比较广泛，所以，近百年来热带和亚热带地区竞相引种，我国海南、广东、广西、云南等省区也于1926年开始种植油棕。

含热量最多的水果

水果是人人爱吃的食品，它不仅味道好，而且营养丰富。有人分析了38种食用水果，发现生长在热带的鳄梨营养价值很高，它含有丰富的维生素A、维生素C、维生素E，以及2.2%的蛋白质。据统计，1磅（1磅约合454克）新鲜鳄梨中，能发出741卡（1卡约合4.18焦耳）的热量，比其他水果都高。

鳄梨也叫油梨，属樟科鳄梨属常绿乔木，是一种著名的热带水果，也是木本油料树种之一。果仁

鳄　梨

含油量8%～29%，它的提炼油是一种不干性油，没有刺激性，酸度小，乳化后可以长久保存，除食用外，它也是高级护肤品以及SPA的原料之一。

最能贮水的草本植物

茫茫的沙漠中，气候特别干燥炎热，一年的降雨量很少，一般不超过25毫米，有的地方甚至整年不下雨。

巨柱仙人掌

生长在这些地区的植物，对于干旱有很大的适应能力。有“沙漠英雄花”美名的仙人掌，就有惊人的忍受干旱的能力，这是因为它有特殊的贮存水分的本领。特别是墨西哥沙漠中的巨柱仙人掌，长得像一根分叉的大柱子，通常有六七层楼那样高，粗得一个人抱不拢。有趣的是在它那巨大的身躯里，竟贮存着1吨以上的水。当地过路人常常砍开这种仙人掌，取水解渴，喝个痛快。草本植物里的芦荟、龙舌兰、四季海棠等，它们都有贮存水分的本领，可是没有一种能像巨柱仙人掌那样，贮存这么多的水分。巨柱仙人掌的确是最能贮水的草本植物。

为了适应干旱的沙漠环境，巨柱仙人掌的叶子已经退化成针刺，这样可以减少水分的蒸发。它有着又深又广的根系，稍有一点雨水，就大量吸收。它的茎生得厚厚的，因此能贮得住大量的水分，成了个小水库。这些，就是巨柱仙人掌能大量贮水的秘密。

最硬的树

铁桦树

你也许没有想到会有一种比钢铁还硬的树吧？这种树叫铁桦树。子弹打在这种木头上，就像打在厚钢板上一样，纹丝不动。

这种珍贵的树木，高约20米，树干直径约70厘米，寿命约300～350年。树皮呈暗红色或接近黑色，上面密布着白色斑点。树叶是椭圆形。它的产区不广，主要分布在朝鲜南部和朝鲜与中国接壤地区，俄罗斯南部滨海一带也有一些。

铁桦树的木质坚硬，比橡树硬3倍，比普通的钢硬1倍，是世界上最硬的木材，人们把它用作金属的代用品。苏联曾经用铁桦树制造滚珠、轴承，用在快艇上。铁桦树还有一些奇妙的特性，由于它质地极为致密，所以一放到水里就往下沉；即使把它长期浸泡在水里，它的内部仍能保持干燥。

最耐旱的种子植物

植物体内最多的是水分。一般植物在生长期间所吸收的水量，相当于它自己体重的300～800倍。一株向日葵，一个夏天要喝250千克左右的水。一株玉米，一个夏天也要消耗200多千克水。蔬菜需要的水就更多了。如果一亩地长了1500千克白菜，就要消耗1200吨左右的水。水真是植物的命根子！

在自然界里，也有一些植物在长期干旱的环境里，照样能生长、繁殖。这些植物的器官适应干旱的能力很强。例如沙漠中的仙人掌、仙人球等。有人做过一个有趣的试验：把一棵37千克重的仙人球放在室内，一直不浇水。过了6年，仙人球仍然活着，而且还有26.5千克重。

比仙人球更耐干旱的植物是生长在非洲沙漠里的沙那菜瓜，有人把它贮藏在干燥的博物馆里，整整8个年头，它不但没有干死，还在每年的夏天长出新芽。在这8年中，仅仅是重量由7.5千克减少到3.5千克。这种耐旱的本领，在所有的种子植物中无疑是冠军了。

最耐寒的种子植物

白桦树

一般种子植物生长活动的最低温度是0℃。每到冬天，千里冰封，大地上几乎找不到红花绿叶。但是，也有一些不怕寒冷的“英雄好汉”。例如：我国西藏高原，生长在5000米高处的雪莲花，能在皑皑白雪中开出紫红色的鲜花。阿尔泰山的银莲花，能在－10℃的环境下，从很厚的雪缝中钻出生长。有些松柏类植物，能抵御－30～－40℃的低温。在西伯利亚有一种辣根植物，能在－46℃的低温下开花。在自然条件下，它要算是不怕冷的“英雄”了。

苏联科学家用人工控制的方法，把白桦树放在逐步降温的环境里，它竟能耐得住－195℃的低温。这真是冻不死的“好汉”！

对光照最敏感的花

在自然界里，各种植物的花朵，对阳光的敏感程度是不一样的。例如，待霄草的花傍晚开放，早晨闭合，它不需要阳光；金银花白天晚上都能开放，有光无光无所谓；蒲公英的小黄花，太阳一露脸，它就开放了，傍晚太阳刚落山，它又闭合了。

龙胆草

对光照最敏感的植物，要算在阿尔卑斯山的一种叫做龙胆草的花。它在多云的日子里，只要太阳一钻出云层，不到 2 分钟，它就张开了花朵，等太阳一被云层遮住，它马上又闭合起来。

为什么会有这种现象产生呢？近年来植物学家发现，植物中有 2 种光敏色素，一种能吸收 660 纳米的红光，简称 P735；另一种能吸收 735 纳米的红外光，简称 P660。它们在明暗交替下可以互相转化。在黑暗中 P735 会逐渐转化为 P660，而经短期光照后，P660 又转化成 P735。龙胆草花光敏色素相互转化的速度特别快，所以对光照最敏感。

最耐紫外线照射的植物

太阳光里有一种紫外线，几乎对所有生物都有影响。特别是微生物，受到一定剂量的紫外线照射，十几分钟就会被杀死。所以医院和某些工厂，常用紫外线进行灭菌。

高等植物也不例外。根据科学家的研究，如果用相当于火星表面的紫外线强度作为标准，来照射各种植物，番茄、豌豆等只要3～4小时就死去；黑麦、小麦、玉米等照射60～100小时，能杀死叶片；而南欧黑松照射635小时，仍旧活着。

南欧黑松是对紫外线忍受能力最大的植物。科学家估计，像南欧黑松这样的植物，能够在火星上生活一个季节。这一事实证明，在地球以外的行星如火星上，有生物的存在是可能的。

南欧黑松

感觉最灵敏的植物

一只蚊子叮在马身上，马会摇头摆尾驱赶蚊子。这是因为动物有灵敏的感觉。

植物有没有感觉呢？你看，夏天的早晨，向日葵露出笑脸，迎接东方初升的朝阳；傍晚，太阳下山了，它又面向西方，跟太阳告别。它从早到晚跟着太阳转来转去。合欢的小叶子一见到阳光就舒展开来，到了夜幕降临的时候，又自动闭合起来。把一盆含苞欲放的郁金香，从比较冷的地方移到温暖的地方，几分钟内就会盛开。这说明，植物受到光、温度等刺激后，会产生各种不同的反应。

如果你用手轻轻碰一下含羞草，它的叶子会很快闭合。触动它的力量大一些，它连枝带叶都会下垂。有人研究过，含羞草在受到刺激后0.08秒钟内，叶子就会合拢，而且受到的刺激还能传导到别处，传导的速度最快达10厘米/秒。在印度有一种植物，人和动物一走近它，它就立即把叶子卷起来。即使你步子很轻，它也能锐敏地感觉到。

感觉最灵敏的要算那些“吃”虫植物。达尔文曾经做过一次试验，他把一段长11毫米的细头发丝，放在毛毡苔的叶子上，叶子上的绒毛也能立即感觉到，马上卷曲起来把头发按住。还有人把0.000003毫克的碳酸铵(一种含氮的肥料)滴在毛毡苔的绒毛上，它也能立刻感觉到。这样微小的重量，人和一般动物是无论如何感觉不到的。这可是感觉最灵敏的植物了。

合作得最好的动植物

与动物合作得最好的植物，要算是蚁栖树。这种树比较高大，茎上有节，叶柄很长，叶片像手掌，全形像蓖麻。

毛毡苔

蚁栖树

巴西树林中，有一种叫啮叶蚁，专门吃树叶子。只有蚁栖树不怕吃。原来，蚁栖树有许多“警卫员”——益蚁。蚁栖树的茎中空，上面有孔，像一根笛子，益蚁就在这中空的茎里生活。当啮叶蚁爬上来吃叶子时，益蚁就群起而攻之。因此，蚁栖树能正常生长。

蚁栖树的叶柄基部有一丛毛。毛里有一些蛋白质和脂肪的小蛋，益蚁常常把小蛋搬走当作食物。奇怪的是，这些小蛋被搬走以后，不久又生出新的来，使益蚁长期有东西吃。

益蚁保护蚁栖树，而蚁栖树供给益蚁食物和住房，它们真是合作的典范。

生长在地球最两端的植物

树木花草种类多，繁殖力大，生命顽强，因此，它们的生存领域是非常宽广的。

拿纬度来说，从赤道到两极圈内都有植物生存。赤道附近的热带地方植物种类最多，有“植物王国”之称。这是因为那里的气温高，雨水多，雨量均匀，热和湿两个条件齐备，树木花草长得特别茂盛。

从赤道往北或往南，植物种类渐渐减少。北极各岛只有115种，分布最北的植物是黄罂粟与北极棉，那里是北纬83°。

北极棉

南极大陆有花植物只有一种，叫荷兰石竹，地衣植物有7种。地点是南纬67°15′的格拉罕兰（巴默半岛）玛格丽特湾的珍尼岛上。南北极植物稀少的原因，主要是那里的天气极冷，植物难以生长。

生长在海拔最高处的植物

在地球上，由水里到陆地，直到5000多米的高山，都是植物的生存范围。越往高处走，植物的种类就越少。一般来说，在海拔3000米以下，植物种类最多；3000米以上，主要是些小灌木及草本植物；4000米以上，种类就很少了；5000 米以上，只有极少数耐寒植物能够生长。

那么，哪些植物是攀登高山的优胜者呢？

在我国新疆境内的托木尔峰，海拔 4000 米高处的岩石缝里，生长着能治风湿性关节炎的雪莲花，那里还生长着土耳其斯坦报春花和鼠面风毛菊等。在西藏高原 5800 米处，有人曾发现过三指风毛菊。在喜马拉雅山 6139.65 米高处，近来找到一种俯地生长的偃卧繁缕。这是有花植物在地球上的登高冠军。

山越高为什么植物就越少呢？科学家指出，海拔高度每上升 100 米，温度就要降低 0.5℃，山越高温度就越低。在那冰天雪地、空气稀薄的环境里，一般植物无法生存，只有那些特别耐寒的植物才能适应。

自然界中微生物最多的地方

微生物种类很多，繁殖迅速，对环境的适应力强，因此分布很广。前面说过，地球上差不多到处都有微生物。那么，自然界中什么地方微生物最多呢？

空气中微生物比较少。水中微生物一般比空气中要多。比较洁净的淡水中，每克约有微生物几十到上千个。微生物最多的地方是土壤。但是，随着土壤深度增加，微生物的数量逐渐减少，4～5 米深处的土壤里微生物就大大减少了。土壤表面由于阳光直射，比较干燥，微生物数量也不多。离地面 10～20 厘米的土壤中微生物最多。荒地沙漠含微生物较少，但是每克土壤仍有 10 万个以上。在耕作和施肥的土壤中，每 1 克中的微生物可达 1 亿到几十亿个，最多的竟可达几百亿个。

繁殖最快的生物

细菌是微生物中的一个大家族，种类很多，已经知道的约有 2000 多种。细菌按形状分成球菌、杆菌和螺旋菌。它们都很小，要用微米来测量。1 微米等于 1/1000 毫米。小的细菌长短不到 1 微米，大的也只有几微米。一条苍蝇腿上，可以附几十万个细菌。一根普通缝衣针针眼那么大的地方，可以放1亿个以上的细菌。

细菌的繁殖速度十分惊人。它靠自身分裂来繁殖，1个分成2个，2个分成4个……有些细菌20～30分钟就能分裂一次。如果营养充分，温度合适，1个霍乱菌在1昼夜间就能分裂成470000亿亿个，重量达2000吨。因此有人计算，如果细菌在适宜的情况下顺利繁殖，3天就可以把全世界的海洋填满。要是真的这样繁殖下去，不出1星期细菌就非把人类挤出地球不可！

细菌虽然繁殖快得惊人，但死亡也甚迅速，而且受食物、水分、温度等环境条件的限制，上面说的这种可怕的繁殖结果是不可能出现的。不过，“繁殖最快的生物”这个称号，还是应该属于它的。

长高最快的植物

毛　竹

生长在我国云南、广西以及东南亚一带的团花树，1年能长高3.5米。在第七届世界林业会议上，被称为“奇迹树”。生长在中南美的轻木，要比团花树长得更快，它1年能长高5米。但是，木本植物生长速度的绝对冠军要算是毛竹。它从出笋到竹子长成，只要2个月的时间，就高达20米，大约有六七层楼房那么高。生长高峰的时候，一昼夜能升高1米。因此，有“雨后春笋”的说法。

竹子的生长比较特别，它是一节节拉长。竹笋有多少节和多少粗，长成的竹子就有多少节和多少粗。一旦竹子长成，就不再长高了。而所有树木的生长，是在幼嫩的芽尖，慢慢加粗伸长，经几十年至几百年，它还会慢慢地加粗长高。

最短命的种子植物

自然界中，以种子繁殖的植物多种多样，有长寿的，也有短命的。木本植物比草本植物寿命要长得多。植物界的“老寿星”，都出在木本植物里。一般的草本植物，通常寿命几个月到十几年。

短命菊

植物寿命的长短，与它们的生活环境有密切关系。有的植物为了使自己在严酷、恶劣的环境中生存下去，经过长期艰苦的“锻炼”，练出了迅速生长和迅速开花结实的本领。

有一种叫罗合带的植物，生长在严寒的帕米尔高原。那里的夏天很短，到6月间刚刚有点暖意，罗合带就匆匆发芽生长。过了1个月，它才长出两三根枝蔓，就赶忙开花结果，在严霜到来之前就完成了生命过程。它的生命如此短促，但是尚能以月计算。

寿命最短的要算生长在沙漠中的短命菊，它只能活几星期。沙漠中长期干旱，短命菊的种子，在稍有雨水的时候，就赶紧萌芽生长，开花结果，赶在大旱来到之前，匆忙地完成它的生命周期，不然它就要断宗绝代。

引种最广泛的树

水杉是古老稀有的珍贵树种，过去大家都认为在世界上早已绝迹了，可是，它却一直被我国湖北、四川等交界处的劳动人民在600平方千米的范围内栽培着、繁殖着。直到20世纪40年代，由我国科学家发现后，才把水杉的大名公布于世。这样一来，轰动了世界的植物学界，大家称颂它是“活化石”。

水 杉

水杉适应性很强，生长迅速，树干笔直圆满，木材质地也较好，是建筑、家具、农具的好材料。树形优美，已成为著名的绿化树种。

世界上有很多国家向中国引进水杉种苗，水杉在国外已栽遍亚、非、欧、美等洲50多个国家和地区。它能忍受－30℃的低温，也不怕热带地区的高温。所以它是世界上引种最广泛的树种。

长得最长最快的海藻

在太平洋东部和大洋洲附近水深几十米的浅海里，生长着一种巨大的海洋植物。它们一株连着一株，形成了一片片繁茂的“水下森林”。组成这水下森林的，就是有名的巨藻。

巨藻是世界上个体最长的海洋植物，一般的长100米，最长的竟达400米。就是说，只要23株这样的巨藻连接竖起来，就比“世界屋脊”珠穆朗玛峰还要高出300多米！陆地最高的树——杏仁桉树与它比起来，竟成了侏儒。只有最长的白藤，才能同它比个长短。

巨藻寿命达8～10年。它可以吃，也可以喂养家畜和鱼类，还可以提取多种化工原料。国外还把巨藻经过细菌分解和加工，从中提取煤气，设想以此解决全部或大部分燃料的需要。

巨藻，不仅是海洋中最长的植物，也是海洋中生长最快的植物。

在春夏季节，水温适宜，巨藻每天可生长2米左右，最快的每隔16～20天面积就增大1倍，每隔20～30天长度可增长1倍。尤其是在夏季，很快就可以连接成一片，这是其他任何植物所望尘莫及的。

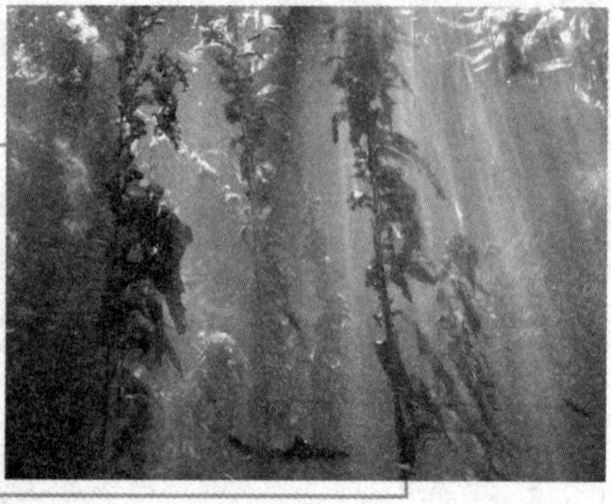
巨 藻

1978年，我国科研单位已把巨藻从墨西哥引进。现在这位来自太平洋彼岸的“客人”，已在我国北方海区安家落户了。

有史以来数量最多的浮游藻类

在多得数不清的浮游藻类中，最多的一种是长着2个盒形小硬壳的硅藻。硅藻的“盒子”精美多样，有圆的、椭圆的、三角形和正方形的。它们的个子都十分微小，在一张普通邮票上，可以放5000到几万个。

这种“盒子”似的硅藻，2000万～3000万年以前，在海水中大量繁殖，死亡以后，它坚硬的硅藻壳依旧不变，沉入海底，形成了由硅藻壳构成的广大地层。以后地壳变动，原先的海底，竟变成了连绵不断的大山！这些大山是由多少硅藻壳堆成的？

看看从古到今的事实，谁也不会怀疑，硅藻是世界上数量最多的浮游藻类。

海洋中最多的植物

海洋里，最普遍的植物是海藻。海藻的种类繁多，形态各异，有的长在岩石上，有的随波漂泊，到处流浪。这后一种海藻，统称为浮游藻。

浮游藻的个体很小，要用显微镜才能见到。但是它们的个数却惊人，约占海洋植物的90%以上。1升海水有时可能有1000万个浮游藻。

浮游藻的作用也很惊人。如果缺少了它们，富饶的海洋就会变成没有生命的死海了。因为，生活在海洋里的各种动物，都要间接或直接的靠吃浮游藻来生活。俗话说："大鱼吃小鱼，小鱼吃虾米，虾米吃泥沙"。泥沙一般是不能作为食物的，虾吃的是附在泥沙上的浮游藻和别的小生物。人们估算，鱼类长1千克肉，就需要直接或间接吃几十千克甚至上百千克的浮游藻。海豹长膘1千克，竟需消耗浮游藻半吨多。所以从数十米长的巨鲸，到身体很小的糠虾，如果没有浮游藻，它们就要闹饥荒，统统饿死。

吸水能力最强的植物

在沼泽地区或森林洼地，生长着一种苔藓植物，称为泥炭藓。它平时呈淡绿色，干燥时呈灰白色或黄白色，丛生成垫状。这种植物能吸收自身体重的10～25倍的水分，比脱脂棉的吸水能力强1～1.5倍，真不愧是吸水能力最强的植物。

泥炭藓

泥炭藓的大型种类经消毒加工后，可代脱脂棉做敷料或制造急救包。由于泥炭藓含有泥炭藓酚、丁香醛及多种酶，作伤口敷料时，有收敛和杀菌的作用，可促进伤口愈合。

含蛋白质最多的植物

人们熟悉的小球藻，是一种绿藻，繁殖能力很强。它能利用太阳光制造大量的蛋白质，一般含蛋白质50%，超过牛肉、大豆等高蛋白质食物，所以营养价值很高。

螺旋蓝藻的蛋白质含量比小球藻还要高，是已被发现的含蛋白质最高的植物。螺旋蓝藻的个体比小球藻大100倍，蛋白质含量竟达68%，是瘦肉的3倍多，半肥半瘦猪肉的8倍多。所以，螺旋蓝藻是未来大有希望的食物之一。

含碘量最高的海藻

海带是海洋植物中产量高、生产快、个体大、经济价值高的食用及工业用的海藻。在药用方面的价值也很大。因为海带是一种含碘量最高的海藻。海带的含碘量一般在3%～5%，多的可达7%～10%。

碘是人体必需的微量元素，缺碘会引起甲状腺肿大症，严重时颈脖上就像长个大瘤，行动不便，浑身无力。建国前，我国内地人民，常受这种疾病的折磨，而食用海带，就可以防止和治疗这种病。

海 带

海带还是一种优良的蔬菜，营养价值很高。据分析，每100克海带干品，含有粗蛋白8.2克，脂肪0.1克，糖57克，无机盐12.9克，钙2.25克，铁0.15克，能发出262千卡（1千卡约合4.18千焦耳）热量。海带与营养价值较高的菠菜、油菜等比较，粗蛋白、糖、钙、铁的含量要高出几倍到几十倍。

固氮效率最高的海藻

要农业增产，氮肥的充足与否往往起着决定作用。有些蓝藻能够利用空气中的游离氮素，合成氮素化合物，不断地释放出来。死亡分解之后，更可以释放出大量氮素化合物，作为其他植物的氮肥。

蓝藻的种类很多，有2000余种，其中有固氮能力的不过100多种。中国科学院水生生物研究所，在稻田中繁殖固氮蓝藻中的固氮鱼腥藻，获得了稻子增产24%的效果。人们把这种固氮鱼腥藻命名为“万年肥”。但这还不是固氮效率最高的蓝藻。在印度，于稻田中繁殖固氮蓝藻中的管链藻，使稻子增产276%。这充分说明，管链藻是固氮效率最高的蓝藻。

蓝藻作为生物肥料，有很好的发展前途。

生命力最顽强的植物

植物世界中，数地衣的生命力最顽强。据试验，地衣在－273℃的低温下还能生长，在真空条件下放置6年还保持活力，在比沸水温度高1倍的温度下也能生存。因此，无论沙漠、南极、北极，甚至大海龟的背上它都能生长。

地衣为什么有如此顽强的生命力？人们经过长期研究，终于找到了“谜底”。原来地衣不是一种单纯的植物，它是由2类植物“合伙”组成，一类是真菌，另一类是藻类。真菌吸收水分和无机物的本领很大，即使在薄薄的晨雾中，它也能捞到一星半点的水。藻类具有叶绿素，它以真菌吸收的水分、无机物和空气中的二氧化碳作原料，利用阳光进行光合作用，制成

地　衣

养料，与真菌共同享受。这种紧密的合作，就是地衣有如此顽强生命力的秘密。

生物进化史上最先登陆的植物

现在的陆地，被形形色色的植物点缀得万紫千红，生气勃勃。可是在4亿多年前，陆地上除了岩石就是荒漠，真是寸草不生。后来地壳发生了很大的变化，陆地面积不断扩大，气候也相应变暖，逐渐形成了一个适宜植物生长的陆地环境。

这时，原来生长在海边的一些藻类植物，随着地壳的变迁和水位的涨落，逐渐移居陆地，生长在水边的泥沼里，接受陆地环境的考验和锻炼。由于适应不了陆地环境，一些藻类被淘汰了。但也有一些藻类，逐渐形成了适应陆地生活的形态构造，如直立的茎及茎表面防止水分蒸发的角质层和气孔等。这就是最早在陆地上生长的植物——光蕨。

它们不但首次给荒凉的大地披上了美丽的绿装，而且从此给大地带来了一个生生不息的生物世界。

天然糖料作物——甜菊

1971年，我国从国外引进了一种世界上最甜的天然糖料植物——甜菊，经过多年的试种，目前已经在我国安家落户。

甜菊是一种菊科的多年生草本植物。如果你把它的一片叶子放进嘴里，就会感到有一股浓厚的甜味，这种甜味纯正可口，回味无穷。甜菊所以如此之甜，是因为其中含有甜菊苷，这是一种四环双帖配糖体的结晶物质，其甜度比蔗糖甜300倍。南京中山植物园等单位经不断探索，已经成功地提取到甜菊苷。接着，采用乙醇提取、树脂吸附和硅胶柱层离的工艺，从甜菊叶中又提取出另一种甜味成分——甜菊A3苷，它更甜，比蔗糖甜450倍，比甜菊苷甜1.5倍，甜味更接近蔗糖。目前国外试图通过酶的作用，把甜菊苷转化为甜菊A3苷，以便能够大量地应用于食品和医药工业中。

甜菊叶片虽然味甜，但有青草的气味，不适宜直接食用和饮用。因此，一般使用由加工厂提炼精制出的甜菊苷白色结晶。据称，1千克干燥的甜菊叶可以提取60多克甜菊苷。国外有些国家把甜菊的叶子加工成干燥的叶粉出售，可直接加入红茶、牛奶或咖啡中饮用。一些国家如日本，市场上已出现甜度不同的各种甜菊叶剂，供人选购。

甜 菊

甜菊糖甜度高，热量低，因此，它可作为肥胖症、低血糖、高血压等患者的非热性甜味剂，还可作糖尿病患者的辅助治疗药物，并有强身、助消化的功能。

甜菊原产于南美，生长在巴拉圭和巴西交界处的海拔500~1000米的高山草地。当地人称它为甜茶或糖草。从20世纪初，人们就对甜菊开始研究。1971年以来，日本、泰国、韩国、中国、美国等10多个国家引种栽培甜菊。

甜菊适应能力较强，它喜欢湿润，但相当耐寒，据说，在日本北海道可以露地越冬。我国北京地区也有栽培，生长较好。

编席的植物——灯芯草

席子自古以来，就是我国人民的日常生活用品。编席的植物有多种，如高粱秆、芦苇、蒲草、竹皮、灯芯草、席草、大甲草等。其中用高粱秆、芦苇、蒲草等编织的席子比较粗糙，多用于包装物品，作建筑物的围障，围圈粮食及作炕席。而席草、灯芯草、大甲草则多用来编织精致的凉席。

席草是一种多年生草本植物，属于莎草科，其茎三棱形，极为柔韧，分布在我国长江下游各省市以及广东、云南等地。每年11月间栽根，至翌年5~6月间收割。收割后的席草，先经漂制，然后置编席机上进行编织。用麻作经的称作“麻经席”，用纱线作经的称“纱经席”（俗称“线席”）。麻经席主要产于浙江黄岩、宁波、鄞县及江苏吴县一带，线席以湖南祁东和祁阳称著。席草除编席外，还可编织草鞋及用作造纸原料。

灯芯草又名蔺，不少地区也称作席草，为多年生草本植物，属于灯芯草科，也是最适于编席的植物之一。灯芯草在我国有悠久历史，早在2000年前的《尔雅》中就已有记载。在汉代时，就用它开始织席。李时珍的《本草纲目》告诉我们，早在明代以前，江浙一带就已开始栽培灯芯草，至今那里依然是盛产之地。此外，湖南、广东、四川、江西、福建、安徽也都是灯芯草的栽培地区。

灯芯草分蘖极旺，其茎细而长，为圆柱形，长达1~1.4米，直径约2.5厘米。粗细均匀，因而适于编席。灯芯草生长在沼泽地或者水田中，在溪边及山野湿润之地也有野生。灯芯草一般在7月份进行收割。收割要看好时机，当灯芯草的茎由浓绿转为微黄，由软变得稍硬并发出光泽时，为最佳收割期。因为过早，茎质较柔弱，而色泽也不良；过迟，则茎质粗硬，品质不佳。

灯芯草

灯芯草除编席外，其茎秆可编织草鞋、草帽、扇子以及作造纸原料。茎髓俗称“灯草”，可用于点灯，也可入药，其性微寒，味甘、淡，有利尿、清热之功效，可主治小便不利、心烦失眠等症。

此外，宝岛台湾盛产的大甲草、水竹的竹皮以及某些藤本植物茎的外皮也是优质的编席材料，由它们编织成的席子用途不同，风格迥异，深受人们喜爱。

珍贵的植物

公孙树——银杏

银杏树的寿命，远不及非洲的龙血树，也比不上美洲的巨杉。但是，它却是现在生存树木中辈份最大、资格最老的老前辈。它在2亿年前的中生代就出现在地球上了。其他树木（种子植物）都比它晚。

银杏为落叶乔木，5月开花，10月成熟，果实为橙黄色的种实核果。银杏是一种孑遗植物。和它同门的所有其他植物都已灭绝。银杏是现存种子植物中最古老的孑遗植物。变种及品种有：黄叶银杏、塔状银杏、裂银杏、垂枝银杏、斑叶银杏。

银杏生长较慢，寿命极长，从栽种到结果要20多年，40年后才能大量结果，因此又名“公孙树”，有“公种而孙得食”的含义。寿命可达1000余岁，存世3500余年大树仍枝叶繁茂果实累累，是树中的老寿星。在山东日照浮来山的定林寺内有一棵大银杏树，相传是商代种植的，已有3500多年历史了。

银杏叶子

银杏在古代，广泛生存在欧亚大陆上，后来大冰川来了，大部分地区的银杏被冰川毁灭，成了化石，唯独我国还保存了一部分活的银杏树，绵延到现在，所以，都称它为活化石。

银杏是一种有特殊风格的树，叶子碧绿，像把折纸扇。它的枝叶含有抗虫毒素，能防虫蛀。银杏的种子，成熟时外种皮橙黄色，像杏子，所以叫银杏。它的中种皮色白而硬，也叫它白果。银杏的种仁是味道香美的干果，但多吃容易中毒。另外，种仁还可以药用，治痰喘咳嗽。现在，江苏的泰兴、泰州和苏州的洞庭山，浙江的诸暨，安徽的徽州等地方，出产的白果最有名。

银　杏

古雅的树之奇观——白皮松

通常所见到的松树，树皮都是灰褐色的，然而我国却特产有一种树皮近乎白色的松树，这就是名扬中外的白皮松！

白皮松挺拔高大，体形奇特而古雅。尤其是树皮，一片一片的，仿佛贴在树干上似的，很不牢靠，常常自动向下剥落。树皮一般是粉白色的，有的略带黄色，或发一点浅绿，经阳光照射，似乎闪烁有光。远远望去，整个树干，斑斓可爱，像是蛇皮，又仿佛虎皮，所以又被称作蛇皮松或虎皮松。因为树皮剥落后的树干仍呈白色，所以又称白骨松。

诗人张著曾写过一首赞颂白皮松的诗：“叶坠银衩细，花飞香粉干，寺门烟雨里，混作白龙看。”正是它生动的写照！无怪乎人们把它作为树中之奇观，园景中之珍品。

白皮松不仅树皮奇特，而且叶子也与其他松树相异。其他松树有的是 2 个针叶合在一起成一束的；有的是 5 个叶子合在一起成一束的，而白皮松却是 3 个针叶为一束的，这在东亚的松树中是独一无二的。白皮松除有极高的观赏价值之外，其木材质地坚硬细致，稍脆，易于折断，但有天然的乳黄色，所以用它制成的家具，美观大方，别具一格。白皮松的种子椭圆形，大如蓖麻子，种仁甘香味美。

白皮松

白皮松常见于古寺、老庙、名园、墓地。在北京颐和园、香山、碧云寺、玉泉山、景山、北海、戒台寺、潭柘寺、大觉寺都可以看到。尤其是戒台寺牡丹院生长的一株白皮松，相传是唐朝武德年间建寺时所种，树龄已有1300多岁，为北京树木中的一宝。因为它分枝粗大均匀，看去仿佛九龙凌空，因而又名“九龙松”。在古都西安市长安县黄良乡湖村小学（温国寺旧址）生长的一棵白皮松，高达26.5米，胸径1.06米，冠幅16米，大约生长了1300年。我国最古老的白皮松当推山东曲阜颜庙旁的一棵，高达35米，干周约5米，自主干上分出9个主枝，树形十分雄伟壮丽。当地称之为“虎皮松”。

除此之外，在我国的山西、河北、河南、陕西、四川、湖北、甘肃等省海拔500～1800米的局部地方也野生着一些白皮松林。

白皮松是1831年由俄国人彭纪在北京发现后而得名的，1846年由英国人福芎引入伦敦，现在英国邱园，已长成郁郁葱葱的白皮松大树。在我国，由于近数十年的人工栽培，白皮松的足迹几乎已遍布祖国各地。

绿化海岸的先锋树——木麻黄

我国华南沿海一带，荒沙遍地，如果遭到台风的肆虐，往往会飞沙走石，掀翻屋舍，毁坏庄稼，使当地人民的生命财产遭受极大损失。例如，在海南岛文昌县的冯坡乡，经一次强台风之后，海滩的飞沙竟向内陆入侵了8~10米。这个乡有个乐大村，建国前，因飞沙侵袭而不得不三迁村址。那么，有没有办法来制止猖獗的飞沙呢？有，那就是造林。但是，那里气候炎热，到处布满米粒般大小的沙粒，如何种得了树？人们曾苦心在那里种植了许多树种，都未获得成功。后来，终于找到一种树可以在那里生根发芽，安家落户下来。这就是著名的绿化海岸的先锋树种——木麻黄。

木麻黄属于木麻黄科，为常绿乔木，高可达30米左右。其树干通直，枝条由树干上斜向伸出，其小枝细软而下垂，灰绿色，由于它酷似马尾松的松针，所以，在广州，人们常称它为马尾松，其实它们之间毫无关系。木麻黄是没有叶子的，这些状如松针的小枝就长在枝的先端。小枝长约20厘米，其上有6~8个棱，仿佛木贼的节。在每个节上都可以看到数枚已经退化了的鳞叶。实际上，那些灰绿色的小枝担负着叶的功能。

木麻黄生长极为迅速。在适宜条件下，每年可以长高3米，在广东栽培的孤立木，15年生的就可达20米，胸径50厘米。说起木麻黄生长的速度之快，还有一个故事。据说在华南沿海等地，原是一片荒滩，当地渔民撒了一些种子在海滩上，随即就上海捕鱼去了，经数月之后，当他们返航时，竟找不到当时开船的地方，跟前只是一片郁郁葱葱的木麻黄林！

木麻黄原产于澳洲、马来半岛等地。我国最早是在1885年，由小笠原群岛引进种子，播种于台湾。1959年开始在广东、福建、广西等省份海滩全面开展造林，如广东湛江地区营造的木麻黄林带全长就有800多千米，保护着30多万亩农亩和数以千计的村庄。

木麻黄除作为海岸的造林树种之外，由于其树形美观，也常作为行道树和城市周围的风景树，在广州中山大学校园里，道路两旁和广场就种植着许多木麻黄树。在海南岛，常与相思树、银合欢等树混交成林，别有一番景象。木麻黄还有其他用途。它的木材坚实、硬重，又耐水湿，在南洋一带有“澳洲铁木”的赞誉。所以，可供建筑、电杆、枕木、渔船、渔具等用。此外，木麻黄的树皮单宁含量非常高，可达11%~18%，纯度80%~85%。它还是华南制栲胶的重要原料，和染渔网的染料。其嫩枝尚可作饲料。

蜚声国际的罗汉果

罗汉果为我国特产，因其具有极高的滋补与药用价值而名扬海内外。

罗汉果属于葫芦科，是一种多年生攀缘藤本植物。在它的藤蔓上长着许多卵形的叶子，与叶子对生的是先端分叉的卷须，罗汉果就靠这些卷须攀缘它物生长。罗汉果的花不大，是单性的，淡黄色或微带红色。它本身不能结子，需通过异花传粉方能生儿育女。

罗汉果果形可分为2大类。一类是长形的，一类是圆形的。更细的分，又有茶山子、长单果，红毛果等不同品种。罗汉果的价值主要在其果实。根据科学分析，罗汉果含有大量的多种维生素。由于它含有14%的果糖和葡萄糖以及1%的比普通糖还要甜300倍的高甜味物质“S－5”，因此，用罗汉果泡茶饮用，味道极为甘甜浓郁。如果你把一只干的罗汉果放在一只茶缸中，冲水喝，闭上眼睛，排除掉罗汉果的形象，你会感觉到这是一杯真正味浓的红糖水。通常一只干的罗汉果泡几十杯茶，仍甜味不减。

罗汉果泡的茶不仅是著名饮料，而且有清热润肺、化痰止咳、解暑生津、清肝明目、润肠舒胃等功效，可治呼吸系统、消化系统和循环系统的多种疾病，尤其对支气管炎、急慢性咽喉炎、哮喘、高血压、糖尿病有显著疗效。罗汉果的根叶可治顽癣、痈肿和疮疖，果实上的茸毛可作刀伤药。

罗汉果果实虽圆，像是罗汉的光脑袋，但并不因此而得名。一种说法是，罗汉果的块根肥大溜圆，像罗汉肚皮，因而得名；另一种说法是，过去曾有一位名叫罗汉的瑶族医生，第一个用它给人治病，因此取名“罗汉果”。

罗汉果

罗汉果虽在我国栽培与利用已有数百年的历史，但一直未得到人们重视，自打20世纪60年代人们真正了解到它的医疗价值之后，才引起普遍关注。从此，罗汉果便跻身于“珍果”的行列，并被戴上“神果”、“长生果”等桂冠。

罗汉果主要分布在我国广西、广东、湖南、江西、贵州等省区。尤其广西北部是栽培最多，果味最甜、品质最佳、产果最高的地区。前不久，在广西临桂县茶洞区慈洞罗汉果场，曾发现过一株特异的罗汉果，它节间特别密，没有再生殖藤，种下480天后就结果，且每节结2个果，全株26个节共结了52个果实。

罗汉果于每年9～10月间成熟，采摘后的果实，需晾在地板上8～15天，等果皮由青绿转黄时，入炉经火烘焙，过5～6天后，成为干燥的果实，这时就可以长期贮存与运输。

冬虫夏草

冬虫夏草，从字面上看，应该是冬天为虫，夏天为草。事实也的确如此，可是难道虫子可以变成草吗？其奥秘在何处？

原来，有一种昆虫叫蝙蝠蛾，它在土壤中产卵，卵孵化成幼虫。冬天，这些幼虫就蛰居在土壤中。有一种属于子囊菌纲的菌类植物，它长成的菌丝就侵入到幼虫的身体内部，贪婪地吸取养分，直到幼虫内部被菌丝吞吃殆尽死亡，只剩留一具空壳残体。而里面却满藏着那些侵略者的菌丝体。春去夏来，菌丝体继续发育，就从幼虫头部抽出一条细长而为棍棒状的子座，露出地面，成为虫草。因此冬虫夏草的外壳是虫，而实质却是一棵草。

冬虫夏草的虫体部分长约3～5厘米，粗约5毫米，外部黄白色或金黄色，上面布满环纹，它还有红红的头，清晰可见的口器和8对整齐对生的足，它的植物部分为紫红色，长约4～11厘米。和其他菌丝植物一样，既无繁茂的枝叶，又无鲜艳的花朵，只是有一个细长柄和一个圆柱状的头部。其上密生着许多小球体——子囊壳，里面隐藏着传宗接代的子囊孢子，子囊孢子成熟之后，就会飘落至土壤中，再去侵犯那些无辜的蝙蝠蛾幼虫，重新过起它那不劳而获的寄生生活来。

冬虫夏草主要生长在我国西藏、青海、甘肃、云南和贵州等地。我国东北也产，称为“北冬虫夏草”。冬虫夏草喜欢生长在海拔4000米的阴坡、半阴坡的高山灌木丛和高山草甸之中或腐殖质肥厚的山地里。采挖虫草多为当地的少数民族，他们一般在“立夏”前后，当冻结的表土开始消融的时候采挖，每年大约只有20天的时间。在四川西北高原上，每至夏初时节，藏族同胞便开始着手采挖虫草，他们赶上牦牛，驮上帐篷和其他生活用具，到3000米以上的高原上安营扎寨，采挖虫草。他们每天在日出之后，开始行动。他们俯身仔细搜寻，就能发现在阳光映照下，发出光泽的紫红色的冬虫夏草。

冬虫夏草

冬虫夏草历来被认为是珍贵的滋补药品，常和人参、玳瑁、海马等名贵中药陈列在药店的橱窗里。它性温，味甘，能补肺益肾，主治虚劳、咳嗽、痰血、腰痛、阳痿、遗精，被认为与人参有相同的功效。冬虫夏草所以有显著的功效，是因为它含有虫草酸、冬虫夏草素、维生素 B_{12}、脂肪、蛋白质等营养成分。因此，素来是我国传统的出口商品，在国际市场上享有盛名。

仙草灵芝

在神话《白蛇传》里，有一段白娘子盗“仙草”的故事，这仙草指的就是灵芝。灵芝历来被人们崇尚为“仙丹灵药”，认为具有起死回生、长生不老的功效。

灵芝能健脑、强壮、消炎、利尿、益胃，可治神经衰弱、头昏失眠、慢性肝炎、肾盂肾炎、支气管哮喘以及积年胃病等，但它却不是“仙丹”，也非“灵药”，因为灵芝并不稀奇罕见。近年，在我国许多地方采集到许多品种，而且人工栽培也获得成功。伟大的明代药物学家李时珍也没有把灵芝视为“仙草”，他说：“……芝而腐朽余气所生，正如人生瘤赘，而古今皆以为瑞草。”又云：“服食可仙，诚为迂谬。”又说：“方士以木积湿处，用药传之，即生五色芝。”他不仅了解到灵芝的实质，而且已经知道人工可以栽培。灵芝之所以有一定的滋补作用和医疗价值，是因为其性温、味甘、无毒，含有多种氨基酸、有机酸、生物碱类、香豆素、蛋白质等。

灵芝是一种大型真菌，和蘑菇是近亲，属于多孔菌科、灵芝亚科，其中包括灵芝属和假芝属。灵芝和蘑菇的长相不同，蘑菇的菌伞是圆形的，茵柄着生在菌伞的中央；而灵芝的菌伞是半圆形的，茵柄着生在菌伞的一旁。在菌伞上存有不规则的瘤状突起。灵芝的种类很多，全世界约有100余种，我国已记录到的就有57种，占已知总数的1/2以上，所以我国是灵芝种类最多的国家。

在众多的灵芝姐妹中，有菌肉白色、淡白色或上层淡白色、底部淡褐色的灵芝；有菌肉全部为褐色、深褐色的紫芝；还有菌伞表面多数无紫红色漆样光泽，呈灰色或褐色，常无菌柄的树舌类灵芝，以及少数种类表面有光泽的假芝等。灵芝的分布范围相当广泛，从东北到海南岛，都有发现。但主要生长在长江以南各省份，其中广东、广西、福建、台湾、云南等省份约有40种以上。海南岛是灵芝的“王国”，生长最多，约有30余种，长江以北发现的约有10种。

我国利用灵芝已有十分悠久的历史。我国最早的一部药书，据说，由战国时代的名医扁鹊的弟子子仪所著的《神农本草经》，其中就已经把灵芝分为赤芝、黑芝、青芝、白芝、黄芝、紫芝等6种。而晋代化学家葛洪所著的《抱朴子》一节，根据灵芝的质地把它分为石芝、木芝、草芝、肉芝、菌芝等5大类，每类又分几十种。而李时珍的

灵 芝

《本草纲目》则对灵芝的形状及用途作了较详细的记载。

目前，我国已成功地进行了灵芝的人工栽培。一般方法是把木屑、麸皮、蔗糖、石膏粉加适量水调成培养基，放入瓶中，经灭菌消毒后，将菌种块接种在培养基上，此后，在一定的温度和湿度条件下，菌丝就会迅速生长而布满瓶体，接着，子实体渐渐长成菌柄、菌盖而伸出瓶口。从子实体产生到采收，一般要经过20～30天左右。山东省栖霞县一位药剂师崔书民，退休后，悉心钻研灵芝的栽培技术，1984年培育了400余棵鹿角形灵芝，到该年10月底止，长成了一棵特大形的灵芝草，其芝冠长54厘米、宽30厘米、高26厘米。

灵芝寿命一般为1～2年，有一种称做“树舌”的灵芝可生长多年，其子实体很大，菌伞直径可达50厘米。

超级水果——猕猴桃

猕猴桃蜚声国际，被人们赐予“超级水果”的桂冠。它何以会有如此大的魅力？原来，这种水果不仅甘甜爽口，而且营养价值极高。尤其富含维生素C。据测定，每100克鲜果的维生素C含量可达120～420毫克，比柑橘高5～10倍，比番茄高15～30倍，比苹果高20～80倍，名列众水果前茅。此外，它还含有丰富的糖类、蛋白质、类脂、磷、钙、钾、钠、镁等人体必需的营养物质。因此，在西方，饭后吃猕猴桃的情形越来越普遍。尽管其价格高出苹果十几倍，但人们仍然争相购买。

我们祖国正是这名贵水果的故乡。在久远的过去，野生的猕猴桃，就生长在我国大江南北的山地里，自生自落，任猕猴采食。猕猴桃进入人类生活大约是在2000年前。汉初《尔雅》中开始有猕猴桃的记载。唐代诗人岑参曾有“中庭井阑上，一架猕猴桃。”的诗句。明代药学家李时珍曾有“其形像梨，其色如桃，而猕猴喜食，故有其名”的说法。

猕猴桃最早为外人所识，是在1900年。当时首先由英国引种。接着相继传入美国、日本、比利时、法国、印度和意大利。新西兰是1906年引进的，经过七八十年的栽培驯化，现已成为栽培水果。目前，新西兰已成为世界出口猕猴桃水果及其制品的主要国家，其栽培面积有1600多公顷，1979年产量达17000吨之多。

猕猴桃

猕猴桃是一种落叶蔓性灌木，高约5～8米。其叶圆形，如纸样薄。其花初为乳白，后变黄色，雅丽可爱。其果实8～10月成熟，圆形或长圆形，肉质多浆，清香奇美。

猕猴桃虽称其为桃，但和桃并非一家。桃属于蔷薇科；猕猴桃因性状独特，而独门独户，自成一科，称作猕猴桃科，下有2属。猕猴桃属于猕猴桃属。在猕猴桃属这个家庭里，共有54个成员，其中有52个产在我国。所以，我国还是猕猴桃种类最多的国家。

猕猴桃不仅仅可以作为鲜果食用。它还可以酿酒，畅销国内外的“宴宾酒”、“仙桃酒”就是用它酿制成的。它还可以加工成果酱、果汁、果脯、罐头等。猕猴桃还是一种含油量较高的植物，其种子含油可达35.6%～62%，可食用，也可作工业用油。其叶富含淀粉、蛋白质，是优良的饲料。茎枝纤维是良好的造纸原料。其花浓郁芳香，是很好的蜜源，又可提炼芳香油。其根、茎、叶皆可入药，有清热利水、散瘀止血之功效。

此外，猕猴桃花色雅丽，果实别致，还可为园林增色添姿。

七绝果树——柿

柿子能润肺宁咳，健脾养胃，有使人延年益寿之功效。唐代《酉阳杂俎》，更把柿树赞为七绝：“一寿，二多阴，三无鸟巢，四无虫，五霜叶可玩，六嘉实，七落叶肥大，可以临书”。

其实，柿树何止此七绝。柿树皮可烧灰调以植物油治疗烫伤；柿饼上的白霜称为柿霜，可治咽喉干痛，口舌生疮，肺热咳嗽和咯血等症；柿树木材致密，纹理美观，可制珍贵器具。再加上它枝繁叶茂，夏日浓叶如盖，秋日红叶如醉，丹实似火，即使落叶之后，橙红色果实依然挂于枝上，使人有秋色不尽之感。因此，柿树可谓园林、庭院兼经济效益的最优良的树种。

柿　树

按说，柿树还应有一绝，即它是一种最大众化的优良果品。其营养价值很高，含有丰富的葡萄糖、维生素 C、胡萝卜素及钙、磷、铁等矿物质。由于它易于贮存，又能耐饥，因此在荒年可以代粮。柿树产量高，价格又较一般果品便宜。在我国果树中，柿树真可算是最绝的了。

柿树也是我国的特产，栽培历史十分悠久。古书《尔雅》中还没有“柿”字，但有其古字“秭”。“柿”字最早见于《礼记·内则》。我国野生柿树分布很广。在汉代时，人们已经把一种野生柿树栽培起来，就是当今常说的黑枣（又称君迁子、软枣、羊枣等），后来经过嫁接才有了真正的柿树品种。目前，柿树的品种约有 300 余种，其中陕西富平的尖柿和升府柿，河北、陕西、山东一带的盖柿，杭州古荡的扁花柿，湖南隆回的腰带柿，广东的牛心柿等最为有名。

柿树属于柿科柿属，是一种落叶乔木，高可达 15 米。柿树的分布范围很广，最北以长城为界，南达广东、广西以至台湾，西从陕西，东至沿海，都有它的踪迹。中国柿很早就传入日本，大约在 19 世纪后半叶，才从我国传入欧洲。柿树喜欢阳光，在北方可耐旱，南方也能耐一定水湿。柿树寿命相当长。一般在嫁接之后 4 ~6 年开始结果，15 年之后达到盛果期。有些柿树到 100 岁时仍能丰产，300 岁时依然结果累累。

刚摘下的柿子因含单宁过多，因而很涩。民间脱涩的方法很多。在晋代的《食经》中有过这样的记载：“柿熟时，取之；以灰汁燥再三。度干，令汁绝。著器中，经十日可食”。这样脱涩的柿子脆甜可口，称为醂柿，至今仍在沿用。另一种方法是将柿放入坛或盆中，注以温水，置灶旁，数日后即可食。近些年，人们常把柿子放入一塑料袋中，加入几只梨，或滴入少许白酒（酒精）将口扎紧，数日之后，即可食用。

热带百果之王——芒果

芒果盛产于亚洲南部，尤其是印度与马来群岛。印度人民把它尊称为“百果之王”。一般认为，我国过去没有芒果，是唐贞观十九年（645 年）唐僧（玄奘）到西天取经从印度带回来种子，栽植成的。经过调查，在我国广西、云南一带发现有野生的芒果。因此，我国也是芒果的故乡之一。目前栽培的芒果有可能部分来自印度，部分则是由我国野生芒果驯化而成。近 500 年来，我国不仅从印度，而且从爪哇、马来西亚、菲律宾、斯里兰卡、缅甸、泰国、古巴等国引进了许多芒果新品种。

现在，我国芒果主要集中在台湾、广东、广西、福建、海南岛、云南等省、区。据说，台湾的芒果是 17 世纪由爪哇引入的。其栽培数量居全国之冠。

芒 果

芒果品种繁多，就我国目前栽培的就不下 100 种。名贵品种有广州的长茅香芒，为过去进献皇帝的贡品；龙芒，长达 20 多厘米，重达 1 千克；象牙芒，果形似幼年象牙；球芒，果形浑圆；火芒，成熟后果皮呈全红色；青香芒，果实青绿，具香味；蜜芒，果味甜如蜂蜜。此外还有树形特别矮小的矮芒；云南西双版纳的特产——勐满芒，秋芒，有晚开花、晚结果的特点，非常适合在我国南方早春阴雨低温的气候中生长。1955 年，印度文化代表团来我国访问，当时的印度总理尼赫鲁委托代表团送给周恩来总理8株印度良种。其中之一就是“秋芒”。

芒果又称檬果、辚果，属于漆树科芒果属，是一种常绿大乔木。其叶长圆状披针形，质地犹如皮革。每年2~4月间，在芒果树的顶端长出圆锥花序。每个花序上缀满了繁多而细小的花朵，有五六百朵到一二千朵之多。最多的甚至可达4000余朵。其花色浅红或黄白，花开时节，远近透着浓郁的芳香。

最有魅力的是其果实。形状椭圆形或歪圆形，带着一个很长的果柄。每至夏末秋初，果枝上悬垂着黄澄澄的果实，琳琅满目，美不胜收。其果实为肉质核果，果肉香甜多汁，有松香气味，营养丰富，含糖量很高，为维生索C含量最多的水果之一。每100克果肉中含维生素C达200~400毫克，可与“超级水果”中华猕猴桃相媲美。其果实除鲜食外，可制成果干、果酱、果酒、蜜饯、罐头。其果皮供药用，为利尿、峻下剂。果仁有杀虫作用；叶和树皮可为黄色染料；树皮含胶质树脂；其木材坚硬，可造舟、车。此外，其枝条开展，树冠宽阔，直径可达36米，树形优美，可作优良的庭园及绿化树种。

芒果生长十分迅速，可高达18米。种子入土只消3~4年即可开花结果。如果是嫁接苗，2年之后，就有收获。其寿命很长，可达三四百岁，结果年龄长达100年之久，为果树中较长的一种。

果中之皇——枇杷

枇杷是蔷薇科这个华丽家族的又一成员。它是一种常绿小乔木，高可达10米，叶革质，表面浓绿多皱，有光泽，倒卵形，好似琵琶，因而得名。

枇杷喜欢温暖湿润的气候，北方不宜生长，为我国江南特产。至今，湖北、四川、云南、广西、西藏、贵州、台湾一些山区还有野生枇杷生长。从古文献来看，最早可见于公元前3世纪的《周礼·地官》。此后，在《西京杂记》、《齐民要术》、《名医别录》等书中都有记载。可以推测，我国栽培枇杷大约有3000年以上的历史。我国是枇杷的故乡。日本虽也盛产枇杷，但却是由我国引入的。至今在日本樱岛栽培的枇杷还分早唐、中唐、晚唐等品种，可见，早在7世纪时的唐代，我国枇杷已东渡日本，并在那里安家落户。

枇 杷

枇杷品种繁多，大约有100种以上。从叶色上分，有白斑叶的，有黄斑叶的；从果形上看，有长果的，有圆果的；从果肉的色泽来看，则有橙黄的、橙红的，或乳白的；从产地来看，江苏吴县洞庭东山的照种枇杷，浙江塘栖的大红袍，福建莆田的解放钟、大钟枇杷最为出名。

枇杷繁殖以播种为主，扦插、压条也可。枇杷寿命较长，一年可发3次新梢，嫁接后四五年就开始结果，15年左右进入盛果期，直到40年后才逐渐衰老，产量减少。

枇杷果实营养十分丰富，鲜果含糖8%，脂肪0.5%，蛋白质1.1%，每100克果肉中含钙54毫克，磷28毫克，铁0.4毫克以及维生素A、维生素B等营养物质。枇杷果实鲜美，酸甜适口，除生食之外，还可制成罐头或酿酒。其叶晒干去毛后可供药用，有止咳化痰、和胃降气之功效。其花是良好的蜜源；木材红棕色，可作木梳、手杖等用。

枇杷枝形开展，树冠圆而整齐，叶大荫浓，常绿而有光泽。冬日白花盛开，初夏叶茂果熟，满树橙黄，十分可爱。所以自古为人所称颂。白居易的“淮山侧畔楚江阴，五月枇杷正满林”，梅尧臣的“五月枇杷黄似桔”，正是枇杷果熟时的生动写照。因此枇杷是我国南方园林和庭院的优良观赏树木。

花王牡丹

被誉为“国色天香”的牡丹花，为我国特产。因其花硕大而艳丽，雍容华贵，千百年来深受广大人民的喜爱。唐代诗人李正封的名句：“国色朝酣酒，天香夜袭衣。”正是对它的赞颂。

牡丹是一种落叶小灌木，属于毛茛科芍药属。与芍药真是一对孪生姐妹，因而有木芍药之称。但芍药是多年生草本植物，花较牡丹稍逊。李时珍《本草纲目》中说：“群花品中，牡丹第一，芍药第二，故世谓牡丹为花王，芍药为花相。”也有人称芍药为“花仙”的。牡丹有单瓣与重瓣之分，花色极为丰富，有紫、深红、肉红、粉红、银红、白、黄、蓝、豆绿等色，其中以黄绿、肉红、深红、银红为上，尤以黄、绿、深红为贵。

牡丹历史相当悠久，最早记载可见于东汉早期。唐代时已有栽培。据说，武后则天登基之后，由其故乡将牡丹移至长安。此后，便在长安城兴盛起来。白居易有诗曰：“一丛深色花，十户中人赋”，说明当时牡丹的名贵。唐明皇酷爱牡丹，曾命李白写诗供人演唱。其诗曰：“名花倾国两相双，长得君王带笑看。解释春风无限恨，沉香亭北倚阑干。”当时骊山专门辟有牡丹园，暮春看牡丹，已成为当时的盛事。

至宋代时，洛阳牡丹称雄于世。宋代文学家欧阳修曾写诗赞美：“洛阳地脉花最宜，牡丹尤为天下奇。”传说在一个雪花飞舞的冬日，武则天异想天开，想让百花同时开放，于是写下了“明朝游上苑，火速报春知；花需连夜发，莫待晓风催。”的诏书，百花不敢违命，只得开放，唯独牡丹，不畏权势，纹丝不动。武则天恼羞成怒，把牡丹贬至洛阳。谁知到洛阳后，牡丹竞相怒放，武则天气急败坏，下令烧死牡丹，但万没想到，牡丹反而越烧越红，越烧越艳，洛阳牡丹从此成为天下第一。

牡　丹

目前，洛阳有牡丹品种 213 个。1984 年 11 月，洛阳人民把 31 个品种、340 株牡丹移植到中南海，其中有姚黄、豆绿及被誉为“青龙卧墨池”的黑牡丹。有50株栽于瀛台供大家观赏。

牡丹有很高的经济价值。除花作为观赏之外，其根皮中医称为“丹皮”，性微寒，味苦辛，有凉血散瘀、解热镇痛、抑制病菌、降低血压之功效，并能治中风、腹痛等症；叶可作染料，花既可食又可浸酒及提炼香精；籽尚可榨油。

爱情的象征——玫瑰

玫瑰、月季、蔷薇是蔷薇属植物中的三朵姐妹花。论高贵要数月季，论飘逸潇洒应属蔷薇，但论起香气、历史、名声来，则要数玫瑰了。由于长期杂交育种，造成了“你中有我，我中有你”的纷繁品系，使人无法鉴别它们的祖先是玫瑰、月季或是蔷薇，因而人们常常把这三姐妹混为一谈，尤其在诗歌、散文中，使用更多的是玫瑰，大约是因为它最富有浪漫色彩吧！

其实，真正的玫瑰、月季、蔷薇是容易区别的。玫瑰和月季都是直立灌木，而蔷薇是蔓生性的，枝多细长而下垂，是姐妹中最窈窕的。玫瑰枝干上密生着刺，体态较粗放；月季枝干上的刺较稀疏，幼梢及嫩叶常带紫红色，体态端庄而秀丽。

玫 瑰

玫瑰原产于我国北方，历史极为古老，人们在山东临朐县的地层中曾发现过玫瑰化石，距今已有1200万年。公元6世纪吴均撰写的《西京杂记》中就有记载说：早在秦汉以前，玫瑰已在帝王的宫苑里种植。而今，从黑龙江直至南海之滨，到处都有玫瑰的行踪。其中以山东、江苏、浙江、广东分布最多。江苏的吴县、无锡、铜山，山东的平阴，浙江的湖州，河南商水、周口镇，四川眉山，山西清徐，甘肃永登都是玫瑰的著名产地。

北京妙峰山的玫瑰也久负盛名。其中涧沟村的玫瑰花以鲜艳、朵大、香味浓郁而著称。据传妙峰山种植玫瑰已有500多年的历史，最高产量达250多吨。历史上，用妙峰山玫瑰花生产的“玫瑰露”酒出口德国，曾在巴拿马国际博览会上获奖。

玫瑰花紫红或白色，变种繁多，有玫瑰红色的红玫瑰、玫瑰紫色的紫玫瑰、白色的白玫瑰，并有单瓣、重瓣之分别。单瓣玫瑰的果实可做维生素食品，重瓣玫瑰的花可用于食品工业。玫瑰于1796年引入欧洲，园艺家把它和月季、香水月季、杂种长春月季杂交产生了一些新品种。一般玫瑰是有刺的，经培育，也获得了无刺的品种。

玫瑰固然美丽，园林中并不乏见，用做绿篱极为适宜。但大面积种植主要是为了提炼玫瑰精油。玫瑰精油素来是国际市场上的俏货。1千克玫瑰精油大约值1.5千克黄金。只消2粒玫瑰精油就能兑出1升香味浓烈的玫瑰香水。玫瑰精油何以如此贵重？除了其香味浓郁、甜淳、柔和持久之外，就是玫瑰精油来之不易，据说，每5吨玫瑰鲜花才能提炼1.5千克玫瑰精油。为提炼玫瑰精油，采摘玫瑰花十分讲究。一般采摘半开放的花朵，因为其含油率最高。采摘时间通常在清晨至10点以前，下午的含油量低，而且阴天比晴天产油量高，我国玫瑰鲜花的年产量大约在1000吨，四川眉山县居我国之首，其鲜花产量为400吨。

玫瑰花用糖渍，经发酵可制成玫瑰酱，用于糖果糕点的芳香原料，还可制玫瑰酒、玫瑰花茶，干花尚可出口；其根可入药，有理气、活血、收敛之功效。

十里桂花香

中秋明月，桂子飘香。

一般的花，其香不是清雅，便是浓郁，而唯独桂花能两者兼有，既清香飘逸，又浓郁致远，因此又有“九里香”的美名，成为花中上乘之品。

桂花树属于木犀科，为常绿乔灌木。其叶革质，椭圆形，成双成对地长在枝条的两侧。每至中秋时节，桂花盛开，有白色的，有黄色的，也有金黄色或橙色的，十分美丽。

桂花树

桂花栽培历史悠久，品种较多，最为名贵的有金桂、银桂、丹桂等。

金桂，其花金黄色，香味最为浓烈。

银桂，其花淡黄白色，香味较金桂为逊。

丹桂，枝多分歧，叶狭小，边缘无缺刻，虽然其香味比不上前两种，但花开橙红色，灼灼诱人，更得到人们喜爱。它尚有一变种，因花色较深，称之为“朱砂丹桂”。

桂花还有 2 个出名的栽培变种：①四季桂，花白或黄色，花期很长，5 ~9 月，可连续开花数次。大叶桂，叶形较大，边缘缺刻较深。②开花最迟的品种，叫“寒霜桂”，大约在 10 月中旬，寒露节前后开花，怪不得唐代诗人王建有“冷露无声湿桂花”之句。

我国西南部是桂花的故乡。现今在长江流域各省以及陕西南部广为栽培。而尤以广西、四川为盛，北方用盆栽，冬日置温室保存。

自古以来，人们就喜爱桂花树，因此，古桂花树遗存不少。

在浙江湖州长超乡长超村有一个上扎湾自然村，桂花树远近闻名。这里共有大小桂花树 120 多棵，可采摘桂花 700 多千克。其中有一农民曹强元家有一棵 120 年以上的老桂花树，树围 2.4 米，树冠 50 多平方米，年采桂花 100 多千克。

在陕西省汉中市城东南约 7 千米的圣水寺庙内，有一棵迄今已测过的最古老的桂花树。相传这棵桂花树是公元前 206 年汉高祖臣下萧何亲手栽植，经科学测定，树龄应在 1840 年 ±350 年。这株桂花树，花色金黄，每年开 2

次花，主花期在农历七八月份，第二次在农历十月份。这株桂花树主干直径2.32米，主干上部有2个分枝，其中一个分枝基部直径67厘米，另一个54厘米，树冠庞大，覆地面积为400多平方米。

在贵州省锦屏敦寨乡亮司村有一棵更为高大的“桂花树王”，高达35米左右，胸径2.47米，树冠圆锥状，整齐而庞大，气势雄伟壮观。在桂花开放时节，清香可飘散至几千米之外，其寿命尚无人测定，估计至少在千年以上。

我国旅游胜地杭州市的桂花久负盛誉，1983年被评为杭州市市花。桂花一般情况下一年内开花2次，1984年，杭州市桂花三度飘香，无论满觉垄上、灵隐寺旁还是植物园里及沿湖周围的风景点，一株株桂花树挂金缀银，馨香袭人，吸引着来往游客。满觉垄村位于西湖南高峰山麓，那里山色秀丽，林泉幽美，沿路村舍间，桂花万点，黄白相间，好似“金雪世界”，花香扑鼻，令人心旷神怡。1983年，这里的桂花树有5000多株，1984年又增加树苗2万多株。满觉垄村一年产桂花90吨，经传统工艺精制后的鲜桂花，除供应上海、天津、北京之外，还远销香港等地。

桂花除观赏之外，可制作香料及桂花糖、桂花茶和桂花酒。利用桂花酿酒，早在宋朝就有记载；桂花还可入药，有化痰止咳、理脾开胃，平肝之功效，并能除口臭、治牙痛；其根可治风湿麻木、筋骨疼痛。

植物界的大熊猫——水杉

1943年，中国植物学家王战在四川万县磨刀溪路旁发现了3棵从来没有见过的奇异的树木。其中最大的一棵高达33米，胸围2米。当时谁也不认识它。后来，在专家们的鉴定过程中发现它和中生代白垩纪地层中的一种植物化石十分相似。难道这种亿万年前的古老植物还生长在当今的地球上？科学家们怀着浓厚的兴趣，继续查实，终于在1946年，由我国著名植物分类学家胡先骕和树木学家郑万钧共同研究，证实它就是亿万年前在地球大陆生存过的水杉。从此，水杉便被冠以“活化石”、“植物界大熊猫”的美称。水杉的发现震动了当时世界的科学界，被称为20世纪40年代的新发现！

水 杉

水杉是一种落叶乔木，高可达40米。它的树形秀丽，既古朴典雅，又静穆端庄。在通直挺拔的树干上斜伸着无数的枝条。扁而细长的叶子微微下垂。远望全树犹如一座宝塔。因此它是著名的观赏树木，受到人们的青睐与赞赏。水杉生长得还很快，尤其在幼年的时候，每年甚至可以长高1米以上，所以成为绿化、造林的优良树种。水杉的木材也很好，心材紫红，质地细密轻软，是造船、建筑、家具的良材，又是造纸的好原料。

天然生长的水杉非常稀少，只局限在我国的湖北利川、四川石柱、湖南龙山一带，因此被国家列为一级保护植物。当年首次发现水杉的四川万县磨刀溪，现属湖北利川市。那里的水杉王依然苍翠挺拔，枝叶繁茂，丰姿不减当年，吸引着络绎不绝的游人前来观瞻。

水杉还有随遇而安的本性，适应性相当强。目前，我国从辽宁到广东的广大范围内，到处都有它的踪迹，世界上也已有50多个国家先后从我国引种栽培，几乎遍及全球！水杉，这种珍稀古老的孑遗植物再一次繁荣起来，重新焕发出青春的光彩！

最古老的活化石——桫椤

桫椤，又名树蕨，是现今世界上仅存的木本蕨类植物。蕨类植物在植物的王国里是一个独特的类群，由于它的叶子边缘凹凸不齐，仿佛羊的牙齿，因此，过去又称羊齿植物。大约在2亿年前的古生代，蕨类植物曾繁盛一时，而且大都是高大的树木，曾经与恐龙一样，同属“爬行动物”时代的两大标志。后来，由于地壳变动，多数被深埋在地层里变为煤炭。现今地球上生存的大都是较矮小的草本植物，只有极少数的种类幸免于难，生活至今，成为珍贵的孑遗植物。所以桫椤被国家列为一级保护植物。

桫椤科在全世界共有6属500余种，产于热带亚热带山地。根据目前比较权威的研究结果，我国有2属14种和2变种，分桫椤亚属和黑桫椤亚属。分布于西南和华南地区。黑桫椤被并入桫椤属作为亚属处理。桫椤科的主要分类特征是叶柄基部的鳞片、叶轴上的气囊体、孢子囊的孢子数目和囊群盖等。

桫椤虽说是乔木，但长得并不高，一般只有5～6米，高的可达8米。从外观看上去，桫椤有些像椰子树，直立而圆柱形的树干顶端，向四面飘垂着许多大而且长的羽状复叶，婆娑可爱。如果把它的叶片反转过来，在背面可以发现许多星星点点的孢子囊群。孢子囊中产生着孢子。孢子成熟以后如果落在适宜的地方，会形成一个很小的、片状的原叶体，然后在原叶体上长出一棵新的蕨类植物。

桫椤生性喜欢温暖潮湿的气候，所以只生长在我国台湾、广东、广西、贵州、云南、四川等地。由于桫椤是世界上最古老的活化石，它的生长地是古森林的遗址，因此对研究古地质、古生物有很大意义。桫椤的树干中富含淀粉，可以食用，又可制花瓶等器物，在中药里称为“龙骨风”，有小毒，可驱风湿、强筋骨、清热止咳。桫椤树姿优美，还有观赏价值。

桫　椤

桫椤孢子体生长缓慢，生殖周期较长，孢子萌发和配子体发育以及配子的交配都需要温和而湿润的环境。桫椤成年株每年产生孢子数量多，但死亡也多。有幸存活的孢子，从萌发至形成幼孢子体这一过程，费时达1年以上，湿度、温度等生态因子的变化，都可能影响萌发孢子的生死存亡或延迟以后的发育进程。而且桫椤无完善的根系，很难适应现存变化较大的生态环境。加之茎干可作药用和用来栽培附生兰类，致常被人砍伐，植株日益减少，有的分布点已消失，垂直分布的下限也随植被的缩小而上升。若不进行保护，将会导至分布区缩小，以至于灭绝。

沙漠中的绿色——胡杨

在浩瀚无际的大沙漠中，可以和骆驼媲美的植物，应属胡杨了。胡杨是沙漠中唯一的乔木，如颗颗绿宝石一般镶嵌在黄沙漫漫的大地上，给单调萧索的大自然带来生机。

胡杨是很古老的一种杨树。距今大约几千万年前，胡杨曾广布在地中海、中东以及我国西北的广大地区，后来渐渐减少。目前，只在我国新疆塔克拉玛干大沙漠边缘还保留着一片世界上罕见的天然胡杨林。这是新疆有名的三大自然林区之一，有33万多公顷。这片胡杨林是我国沙漠地区的宝贵财富。

胡杨在干旱的沙漠中顽强地生长，自有它一套特殊的本领。首先，它的根很长，尤其侧根密织如网，可以延伸到20米远的地方吸取水分。其次它的叶子近似三角形，上面渐渐革质化，可以有效地控制水分蒸发。胡杨的身体也仿佛大沙漠中的骆驼一样，可以贮存很多水分，如果把胡杨的树枝折断，就会发现有滴滴水珠溢出。这样，在极端干旱的环境条件下，它也可以在一段时间，维持自己的生命。

胡杨

胡杨有许多用处。它的木材比较轻软，纹理虽然不直，却很美丽，而且耐腐蚀，不怕虫蛀，也耐水浸。制作的家具美观大方。还是电杆、桥梁、建筑、造纸的好材料。更值得赞颂的是，胡杨的枝叶中含有丰富的胡杨碱，可用于食品制作和工业原料。

绿色擎天柱——望天树

1975 年，我国科学家在云南西双版纳热带密林中发现了一种擎天巨树。它的树干高大雄奇，气宇轩昂，雄冠于群树之上，甚至让人无法看到它树冠的顶部。因而，人们称它作望天树。又因为树形如伞，当地傣族人习惯称它为“伞树”。

望天树

究竟望天树有多高呢？经过测量，有的竟高达 80 米，一般的也有五六十米。望天树不仅高大，而且也很粗壮，一般胸径在 1.3 米左右，最大的达到 8 米，需六七个人手拉手才能围起来。

望天树是世界上最高大的阔叶乔木之一。树干的下部生长着几条奇特的大板根。圆锥状的花序里排列着黄色的花朵，美丽而芳香。望天树生长比较迅速，木材红褐色，纹理美观，材质坚硬、耐腐性强，是优良的建筑和工业用材。由于它只生长在西双版纳勐腊县的沟谷雨林，范围非常狭窄，数量又不多，所以被列为国家一级保护植物，受到严格保护。

望天树有一位同胞兄弟，也异常高大，人称擎天树，其实它是望天树的变种。

宣纸原料——青檀

宣纸是我国传统书画的独特用纸。这种纸细致绵韧、吸水力强，已经有 1000 余年的生产历史。由于它独特的质地，在 20 世纪初的巴拿马万国博览会上荣获过金质奖章。

宣纸的原料是什么呢？它是由一种叫做青檀的树皮制成的。制造宣纸可不是一件简单的事，总共有18道工序，100多道操作过程，大约需要300天时间。最初的时候，宣纸产在安徽泾县，那是1500多年前的事情。在唐代，泾县是属于宣州府的，所以名叫宣纸。

青檀树是一种落叶乔木，外形有些像榆树。但它长到一定年龄的时候，树皮就会自然裂开，成薄长片状脱落。青檀树的再生能力很强，即使人们大量割取它的树皮，也不会危害它的生命。青檀是我国特有的珍贵树种，北起辽宁南达广东，东起江苏西至青海，几乎都有它的踪迹，但以宣城、宁国、泾县一带生长最多。为了保护这一珍贵的自然资源，青檀被列为国家三级保护植物。

青檀树

青檀寿命较长，在北京、河北、山东、湖北可以见到几百年乃至上千年的“寿星佬”。在湖北东部的黄梅县，有一座风光秀丽的东山，山中有著名的五祖寺。这里有六株古稀青檀，其中最大的一株，胸径超过2米，高达28米，覆盖面积近1亩。在它的主干上树纹隆起，峥嵘突起，显得古雅苍劲。五祖寺是唐咸亨三年（672年）由禅宗五祖弘忍创建的。相传在此之前已经有了这棵青檀古树，估计已经有1600岁高龄，是我国有记载的最粗大、最古老的青檀古树。

关于用青檀树皮造宣纸，民间流传着一个动人的传说。那是在东晋时代，有一个造纸的青年，叫孔丹。他的师傅去世后，他用自己造的纸画了一幅师傅的画像贴在墙上，以表思念之情。没多久，画像就变模糊了，孔丹从此下定决心要造出好纸来。他四出奔波，寻师访友，去找造纸的原料。一天，他在安徽宣州的一条水溪上看到一棵躺倒的树木，树干上有一层雪白如纸的东西，他用手一摸，是如此细软，但又很结实。他马上想到用它来造纸。恰好小溪旁茅屋里住着母女俩。孔丹向前打听到这株倒下的树叫青檀。老妈妈看着孔丹诚实、勤劳，便将女儿许配给他。从此三人一起一心一意造起纸来，这就是后来闻名于世的宣纸。宣纸中有一个品种叫“四尺丹”，就是为了纪念这位宣纸的发明人孔丹。

贵族之树——楠木

在旧日的王侯宅第、豪门贵族家中，常常可以见到一些黑中透红、坚实如玉、明亮可鉴的豪华家具，那多半是楠木制品。北京明十三陵长陵祾恩殿里的60根高大通圆的擎天大柱，也完全由楠木构成。怪不得楠木有木材中的“贵族”之称。楠木和樟、梓、桐一起号称江南四大名木。

楠木的木材的确名不虚传。它除了坚实、致密、具有美丽的光泽之外，还有浓烈持久的芳香。据说，用它制作的食品柜，还能防止食物变质呢。

楠木是一类高大的常绿乔木，体态魁伟，树形壮丽，叶大荫浓。它的兄弟姐妹很多，大约有五六十个，其中有生长在西南、中南、台湾一带的红楠和桢楠，生长在东南的紫楠、浙江楠，生长在四川、贵州、湖南、湖北的雅楠（又称楠木）。个个体态魁伟，雄姿英勃。

在古代，我国的楠木分布很广，数量也很多。由于历代，特别是明清以来的大肆采伐，致使多种楠木的数量急剧减少。为了保护这些珍贵的楠木资源，国务院已经把滇楠、雅楠、闽楠、浙江楠列为国家三级保护植物。

楠木寿命很长。我国现存不少高大的楠木古树。在四川省永叙县路井乡硝坝村生长着一株特大的楠木王。有20多米高，树围有13米多，需八九个人手拉手方能合围。这棵树冠大荫浓，遮天蔽日，蓊郁纷繁。粗大的树干峥嵘陆离，苍古雄奇。经测定已经有2000多年历史，是我国目前有记载的最粗的、

楠　木

寿命最长的楠木古树。

刀枪不入的硬木——蚬木

我国南北各地的淡水中生活着一种叫作蚬的贝壳类动物。它的贝壳很像两个等边的三角形，大约长三四厘米。外面黑色至青绿色，内面白色至青紫色。在我国广西则生长着一种树木，由于它的根中心不正，偏向一边，形成一边宽一边窄的年轮，好似蚬壳外面的纹理，因此，人们称它蚬木。

蚬木的材质非常坚韧，而且细致，既耐磨，又耐腐，是我国最珍贵的硬木植物之一，也是世界十大珍贵硬木之一。它的木材犹如钢铁，刀砍不入，钉子钉不进，放入水里，立即下沉，就是木屑也如砂子一般，入水也沉。因此是制造舰船和建筑上的特殊用材。蚬木菜板，经久耐用，名誉海内外，是广西龙州县的特产。

蚬木生长在广西热带的岩溶地区，那里有一个国家级的弄岗自然保护区。保护区里有许多参天的蚬木，其中有一株生长在大新县硕龙村，高48.5米，胸径2.99米，铁骨嶙峋，巍巍参天，为我国蚬木中的冠军，人称“蚬木王”。

蚬木有一位远房兄弟称作格木。之所以说它们远，是因为蚬木在植物学中属于假树科，而格木属于豆科，亲缘关系较远。说它们是兄弟，那是因为它们都是稀有的珍贵用材植物。格木的材质与蚬木相比毫不逊色。也是极其坚硬，钉子也钉不进去，因此又叫铁木，也是世界十大硬木之一，是制造油榨槽楔木和船底、桅樯、闸门、桥梁、码头的特种用材。格木分布在广西、广东、福建、台湾等地，因为天然数量很少，和蚬木一样，属于国家二级保护植物。

寿命最长的植物——铁树

在饭店、宾馆的门前、厅堂里，我们常常可以看到一种大型的观叶植物，栽植在木桶中。一条条长长的大叶片，仿佛羽毛一样，四向飘散，分明使人领略着一种南国情调。这就是著名的室内观赏植物铁树，植物学里称苏铁。由于它的羽毛状的叶子像是凤凰的尾巴，所以又有“凤尾蕉”、“凤尾松”的美称。

民间在说到某件事难办的时候，常常说要等到铁树开花。其实这是一场误会。原来，铁树的原籍在江南，那里的铁树不少是年年开花的。北方的气候较冷，不适于铁树生长，所以很难见到开花。偶尔有的植株开了花，人们就会感到惊奇，四处奔走相告，传为佳话。不过铁树开花时，的确也很壮观。它的花有雌雄之分，雄花黄澄澄的，像一个巨大的玉米棒子，鲜艳夺目。雌花灰绿色，像个顶端稍尖的足球，端庄质朴。结的种子，像红色的鸡蛋，美观绚丽，因此得到“凤凰蛋”这么一个雅号。

铁 树

说到“凤凰蛋”，也不是个普通果子，除了可以吃以外，还有消食宽中、除痰止嗽、益气润颜的功效。

铁树是一种极其古老的裸子植物。大约在 1 亿年前，它曾广布在地球上，后来由于环境的变迁，大多渐渐绝灭，只有少数种类残留下来。成为珍贵的稀有植物。20 世纪 70 年代，我国在四川渡口附近发现了一片罕见的铁树林，大约有 6 平方千米，5 万余株，是我国发现的最大的一片铁树林。林内的铁树叫攀枝花苏铁，是铁树中的珍贵种类，被国家列为二级保护植物。另外，生长在广西龙州的体态矮小的叉叶苏铁，生长在云南西南部、基部膨大成盘状的云南苏铁，生长在台湾及广东罗浮山的高大的台湾苏铁，生长在云南南部的、叶片边缘似篦梳齿的篦齿苏铁，都是铁树中的濒危种类，如果乱砍乱伐，遭受人为破坏，就有绝灭的危险，被国家列为三级保护植物。

铁树还是地球上寿命最长的植物。据说在大洋洲有的铁树已经成活了大约1.2万~1.5万年。在四川省成都附近的金堂县三星乡三学寺门外，生长着一株铁树，高2米多，树干基部直径近1米，主干上分出7条大枝，远望蓊郁葱茏，相传已经有1000多年历史。在福建南部漳州市芗城区石亭乡南山村，生长着一株更为高大的铁树，竟有近6米高，树干直径2米有余，相传种植于唐代，也有1000多年历史，是我国已知的最古老、最高大的铁树。

摇钱树——金钱槭

童话中常常提到摇钱树，那不过是人们的幻想而已，实际并不存在。但在大自然的树木家族中却真有几名成员在外观上非常像摇钱树呢！我国陕西、河南等地山区里生长着一种小树，它的小叶子披针形，许多小叶整齐地排成一片羽毛状的复叶。有趣的是它的果实，圆圆的、扁扁的、中央是压扁的坚果，里面含有2粒种子，外围由宽的翅所围绕。每到果熟时节，黄色的果实两两相对而生，远远望去，仿佛树上结着串串铜钱，真是别致新奇，人们把这种树叫金钱槭。它除了有观赏价值外，木材坚韧细致，是制作工艺品和农具的好材料，种子还可以榨油。

金钱槭生长在甘肃、湖北、云南等地，但数量很少，是国家三类保护植物。金钱槭有位亲兄弟叫云南金钱槭，只生长在云南东南部和贵州西南部，数量更少，受到国家二级保护植物的礼遇。

金钱槭在植物学中属于槭树科这个家族，在另一个远方家族鼠李科中也有一位摇钱树。这是一种落叶乔木，高约十七八米，长圆形的叶子，圆形的果实，周围是薄薄的膜质的翅，好似古代的铜钱，风一吹，哗哗作响，人称铜钱树，生长在我国淮河及长江流域一带。

金钱槭

还有一位属于另一个家族——胡桃科。和我们吃的核桃是近亲。这是一种很高大的乔木，树皮灰色，上有纵沟，小叶长椭圆形，两两相对而生。果实周围有宽大的翅，直径竟可达五六厘米，像是一枚大铜钱，因为它的叶子像柳，人们称为青钱柳，有些地方就把它叫摇钱树。青钱柳生长在我国长江流域及华南、西南，陕西南部也有。它的木材致密，作家具及工业用材。树皮含有纤维及鞣质，可造纸及提炼栲胶。

抗癌尖兵——三尖杉

三尖杉是一种常绿灌木或小乔木，高不过12米。在森林大家庭中，它只能算个小兄弟。它的树皮灰色，呈薄片状脱落，叶长条形，先端尖，与杉树相似，看起来貌不惊人，所以过去，人们不熟悉它。但自从发现它对治疗癌症有一定作用之后，三尖杉便开始名扬天下。

三尖杉属于三尖杉科三尖杉属。在三尖杉属这个家庭中，共有9个兄弟姐妹，生长在我国的就有7个。所以我国还是三尖杉属植物最多的国家。其中有名的除三尖杉之外，还有粗榧、台湾粗榧、海南粗榧等，它们都是抗癌的尖兵。

三尖杉之所以对某些癌症有疗效，是因为它的枝、叶、花、种子可以提取多种生物碱，尤其是含有高三尖杉酯碱，对血癌（白血病）和淋巴肉瘤有显著疗效。据报道，250千克三尖杉木材可提取1克的高三尖杉酯碱。

三尖杉也是古代的孑遗植物，被称为“活化石”。它在地球上的分布范围很狭窄，主要在我国长江流域少数地区以及日本和东南亚一带。1979年，在浙江景宁畲族自治县东坑区与福建寿宁交界处，海拔1200米的高山上发现了不少三尖杉，后来在卜海的高山上也有发现，但为数不多。最近，江西宜丰县一中的师生在赣西北九岭山脉的宜丰县同安乡和奉新县上富乡之间，首次发现大片的篦子三尖

三尖杉

杉，它与苦槠、楠木等林木混交，面积约有250平方千米。

三尖杉性喜温暖，且喜欢肥厚湿润的土壤，所以自然生长多在海拔1000米左右的山间溪水边。人工栽培要求在微酸性和中性土壤，排水良好、空气湿度大的环境中。三尖杉繁殖较容易，可用播种方法，也可进行扦插。播种需在春季。由于它的种子休眠期较长，所以需进行催芽处理之后，方能进行，否则难以出苗。扦插一般在2～3月进行。

三尖杉终年翠绿，枝繁叶茂，树姿优雅、端庄，尤其在叶下有2条洁白的气孔带，微风吹拂，绿白相间，妙趣横生，招人喜爱。所以可作为优良的风景树。一般常把它作为配置树种，种在大树之下，或草坪之缘。若作为盆景及切花装饰材料，则另有一番风趣。

三尖杉除药用和观赏价值之外，它的木材纹理致密，色淡白黄，美观大方，具有良好的弹性，是制作高级家具以及扁担、木柄等农具的良材。其种子微带甜味，除供食用之外，尚可榨油。据分析，其含油量达60%，而出油率达50%。其油可供调漆、制蜡；食用则有润肺、止咳、消积之功能。

无根无叶神仙种——天麻

有一种无根、无叶，也没有颜色的草本植物，却能开花、能结实、能生子，照样传宗接代，真是神奇得很。这就是广为流传的“天麻天麻，神仙播种，深山发芽”里的名贵中药天麻。

为了揭穿天麻生长的奥秘，人们着实费了不少工夫。最后才发现，原来，有一种真菌叫蜜环菌，喜欢寄生在别的植物根部，过不劳而获的生活。它尤其喜欢天麻。当与天麻的块茎不期而遇的时候，就用许多长长的菌丝将其包围起来，并伸进去，吮吸养料。但它万万没有想到，天麻却不甘受辱，奋力反抗，从体内分泌出一种特殊的物质，把侵略者消化殆尽，充作自己养料。蜜环菌“偷鸡不成反蚀了一把米”，吃了大亏。但它仍不甘心，年年岁岁始终不渝地把天麻视为生死与共的朋友，共同生活在一起。天麻倒真的过起悠哉游哉的寄生生活来。根退化了，叶退化了，全身也没有了一点绿色，因为它不需要自己创造营养物质。

天麻的神奇更主要表现在它的医用价值上。天麻的块茎里含有香草醇、苷类及微量生物碱，有熄风定惊、养肝止晕的功效，对头痛、头晕、耳鸣、心跳、失眠、精神不安、抽搐、瘫痪、小儿惊痫、风湿症以及中风引起的知觉麻钝、手足不遂、语言障碍等病症有显著疗效。

天麻广泛分布在我国的吉林、辽宁、河北、陕西、河南，湖北、湖南、四川、贵州、云南、西藏等省区，但以四川、云南、贵州、陕西、湖北等省产量最多。它喜欢生活在高山上半阴半阳、凉爽湿润的森林深处。由于人们不加节制地采挖，天然生长的天麻已所剩无几，因此被列为国家三级保护植物。近些年来，人们已经掌握了人工栽培天麻的技术和方法，生产出大量的天麻，供给医疗事业。

万年寿星——龙血树

非洲西部的加那利亚岛上，生长着一种树木叫龙血树。500 多年前，西班牙人到这里探险的时候，看到一株巨大的龙血树，引起极大的兴趣。他们测定了一下，大约有 8000 ~ 10000 岁，是地球上最长寿的树木之一。但遗憾的是，在 1827 年，这株龙血树因遭受暴风雨的袭击而死亡了。

我国也有龙血树，生长在海南、广西、云南一带。龙血树是一种常绿的乔木，长得不算高。但树干却很粗壮，直径常常可达 1 米左右。它那长带状的叶片，略显白色，先端尖锐，像一把锋利的长剑，密密层层地倒插在树枝的顶端。它的花白中带绿；果实多汁，成熟时为橙黄色，十分可爱。

龙血树的树干受伤以后，会流出一种紫红色的树脂，把受伤的部分染红，这块被染的坏死木，是著名的中药，叫“血竭”或“麒麟竭”。有散气、去痛、祛风、通经活血之功效，可治疗筋骨疼痛、便秘腹泻、脑血栓等病症。

龙血树的兄弟姐妹很多，全世界约有 150 种，我国产 5 种。其中只生长在海南山区的海南龙血树，生长在广西和云南交界处的剑叶龙血树，数量很少，是国家三级保护植物。龙血树有时也作为盆景供人欣赏。有一种龙血树叫星千年木，是常绿小灌木，枝条纤细多歧，叶厚实革质，平滑而有光泽。绿色中散布着黄色或白色的斑点，犹如天幕上缀着的明星。有一种叫虎斑龙血树，也是小灌木，卵形的叶片上，呈现着鲜绿色或银灰色的斑点，以及不规则的横条好似老虎身上的斑纹。还有一种香龙血树，个头比前两种大的多，可达6米，绿叶上也分布着各色条纹。黄白色的花中，散发着芳香，因而得名。这些都是著名的观叶植物。如果用它布置宾馆饭店的厅堂、大会主席台的背景将会十分壮观。但它价值比较昂贵，目前应用的还不多。如果你想观赏龙血树的芳容，可到北京西山卧佛寺前面的温室，那里有一株生长的郁郁葱葱的约2米高的龙血树。

冰雪中的花朵——天山雪莲

莲花自古就是我国人民最喜欢的花卉之一。历代为人颂扬，留下许多美好的诗文。宋代诗人杨万里的“接天莲叶无穷碧，映日荷花别样红”更是千古传诵的佳句。

你可曾知道炎夏7月，在新疆天山高处冰天雪地里却生长着一种雪莲，又叫雪荷花。说它是雪莲，只是说它耐寒而已。雪莲在植物学中属于菊科，是非常进化的类群；而荷花（莲花）属于睡莲科，是相当古老的植物。它们之间的亲缘关系甚远，应该说并设有什么关联。雪莲的茎比较粗壮，上面长着许多密集的叶子。叶较厚，近于革质，好像寺庙里的莲座一样烘托着美丽的花朵。它的花结构相当复杂。首先在茎的顶端有一个大花盘，上面密集着十几个头状花序，每一个头状花序里又有许许多多长管状的小花。小花是紫色的。但众小花的外围却包着好几层白色、黄色或浅绿色的大苞片晶莹透亮，喧宾夺主，人们误以为是花瓣，才有了这雪莲花的美称。

雪莲花不仅美丽，而且清香袭人。据说香味可以飘到几十米远的地方。雪莲还是名贵的中药，早在清代赵学敏的《本草纲目拾遗》中就有雪莲“产伊犁西北及金川等处大寒之地。积雪春夏不散，雪中有草，类荷花，独茎亭亭，雪间可爱”的记载。它的茎、叶、花都有药用价值，有除寒、壮阳、调经、止血、强筋骨的功效，对治疗风湿病、贫血病和某些妇科疾病有显著疗效。

雪莲不仅生长在新疆天山，在西藏美丽的雅鲁藏布江由西向东再向南拐弯的地方，有一个墨脱县，那里的山高达 7000 米以上，在 5000 米的高山流石滩上，也有雪莲花的踪迹。

雪莲生长范围很狭窄，数量本来就不多。近些年来，交通条件改善，人们进入天山的机会多了，雪莲面临着越来越大的危险，受到国家三级保护植物的待遇。

天山雪莲

中药之王——人参

人参有调气养血、安神益智、生津止咳、滋补强身的神奇功效，所以素被人们称为“神草”，被拥戴为“中药之王”。人参之所以如此神奇，是由于它含有多种皂苷以及配糖体、人参酸、甾醇类、氨基酸类、维生素类、挥发油类、黄酮类等，对于增强大脑神经中枢、延髓、心脏、脉管的活力，刺激内分泌机能，兴奋新陈代谢等，都具有很高的医疗作用。

人参是五加科多年生草本植物。它的茎约有四五十厘米高，叶有 3 ~ 5 个裂片，花很小，只有米粒般大，紫白色。药用部分主要是它的根。

中国是世界上最早产参用参的国家。中国最早的草药书《神农本草经》就已经提到了人参的名字。其后的历代名医如陶宏景、唐松敬、陈藏器、张仲景、李时珍等也都对人参作过高度评价。东北是我国人参最著名的产区，主要分布在吉林东部和长白山脉的抚松、集安、通化、临江等地，产量要占全国的 90% 以上。自辽金时代起，其产量就已经很可观，明清时代，当地的劳动人民多以此赖以为生，因此，产参的数量大得惊人。据史书记载，明万历三十七、三十八两年，仅建州女真烂掉的人参即达“十余万斤”之多！

人参分为山参和园参。山参为山野自生，生长年头不限，可生长几十年至百余年不等。在康熙二年（1663 年）曾有人挖到过一棵净重 20 两（当时16两为一斤）的老山参。在1981年8月，吉林省抚松县撒岗乡四名农民，用了6个多小时挖出了一棵特大的山参，它已有100岁以上，重达287.5克。这棵大山参外形美观，紧皮、细纹，参须上长满匀称的金珠疙瘩，从颅头到须根长54厘米。这是我国现存最大的一棵山参，目前陈列在人民大会堂的吉林厅中。

园参为人工栽培，由种到收约需6年以上的时间。虽然其产量不少，但药效远不及野山参为佳。

根据对人参的加工方法不同而又可分为红参、生晒参、白参等。红参呈深棕色。生晒参和白参的外表呈黄白色。把刚挖出的人参经汽蒸后，灌以白糖，或用火烤后装在盖有玻璃的木匣内在日光下晒，就成为糖参和生晒参。

人　参

人参素来是传统的出口物资，据说出口1吨人参相当于出口100吨大豆，可换回150吨钢材。人参所以如此珍贵，不仅因为它有“神功”，而且因为它很娇气，生活适应能力很差。它既怕冷，又怕晒，但又需要温暖的阳光，只能生长在温带寒冷气候的有阳光斜照的山坡上。所以人参的采取和种植都十分困难。我国自唐朝时，就已人工种植人参。目前除东北三省大量栽培之外，河北、山西、陕西、甘肃、宁夏、湖北等省、自治区均有种植。

人参的果实就是“猪八戒吃人参果，食而不知其味”里说的人参果。它呈扁圆形，如豆粒大小，生青熟红，十分好看。人参果的医药价值也很高，清代学者赵学敏在《本草纲目拾遗》中曾记述说：“人参果秋时红如血，其功尤能健脾。”现今，其果肉已被加工成人参膏——一种异香扑鼻的高级滋补品。人参果所以珍贵，还在于人参是靠种子繁殖的，如果没有人参的果实和种子，哪里来的人参！